U0179797

山东社会科学院　主办　　·2016 年创刊·

主编　孙吉亭

中国海洋经济

MARINE ECONOMY IN CHINA
VOL.7,NO.1,2022
EDITOR IN CHIEF: SUN JITING

第 13 辑

社会科学文献出版社
SOCIAL SCIENCES ACADEMIC PRESS (CHINA)

编　委　会

Editorial Committee

编　辑　部

编辑部主任　孙吉亭

编　　　辑　王苧萱　谭晓岚　徐文玉

Editorial Department

历心于山海而国家富
——主编的话

海洋是生命的摇篮、资源的宝库，也是人类赖以生存的"第二疆土"和"蓝色粮仓"。中国自古便有"舟楫为舆马，巨海化夷庚"的海洋战略和"观于海者难为水，游于圣人之门者难为言"的海洋意识，中国海洋事业的发展也跨越时空长河和历史积淀而逐步走向成熟、健康、可持续的新里程。从山东半岛蓝色经济区发展战略的确立到"一带一路"重大倡议的推动，海洋经济增长日新月著。一方面，随着国家海洋战略的不断深入，高等院校、科研院所以及政府、企业对海洋经济的学术研究呈现破竹之势，急需更多的学术交流平台和研究成果传播渠道；另一方面，国际海洋竞争的日趋激烈，给海洋资源与环境带来沉重的压力与负担，亟须我们剖析海洋发展理念、发展模式、科学认知和科学手段等方面的深层问题。《中国海洋经济》的创刊恰逢其时，不可阙如。

当我们一起认识中国海洋与海洋发展，了解先辈对海洋的追求和信仰，体会中国海洋事业的艰辛与成就，我们会看到灿烂的海洋遗产和资源，看到巨大的海洋时代价值，看到国家建设"海洋强国"的美好愿景和行动。我们要树立"蓝色国土意识"，建立陆海统筹、和谐发展的现代海洋产业体系，要深析明辨，慎思笃行，认真审视和总结这一路走来的发展规律和启示，进而形成对自身、民族、国家、海洋及其发展的认同感、自豪感和责任感。这是《中国海洋经济》栏目设置、选题策划以及内容审编所遵循的根本原则和目标，也是其所秉承的"海纳百川、厚德载物"理念的体现。

我们将紧跟时代步伐，倾听大千声音，融汇方家名作，不懈追求国际性与区域性问题兼顾、宏观与微观视角集聚、理论与经验实证并行的方向，着力揭示中国海洋经济发展趋势和规律，阐述新产业、新技术、新模式和新业态。无论是作为专家学者和政策制定者的思想阵地，还是作为海洋经济学术前沿的展示平台，我们都希望《中国海洋经济》能让观点汇集、让知识传播、让思想升华。我们更希望《中国海洋经济》能让对学术研究持有严谨敬重之意、对海洋事业葆有热爱关注之心、对国家发展怀有青云壮志之情的人，自信而又团结地共寻海洋经济健康发展之路，共建海洋生态文明，共绘"富饶海洋""和谐海洋""美丽海洋"的蔚为大观。

孙吉亭

寄语2022

因海而兴，向海而生。建设海洋强国是中国特色社会主义事业的重要组成部分。经过多年发展，中国海洋事业总体上进入历史上最好的发展时期。2021年，中国海洋经济强劲恢复，发展态势与韧性彰显。初步核算，2021年中国海洋生产总值首次突破9万亿元，达90385亿元，比上年增长8.3%，对国民经济增长的贡献率为8.0%，占沿海地区生产总值的比重为15.0%。其中，海洋第一产业增加值4562亿元，第二产业增加值30188亿元，第三产业增加值55635亿元，分别占海洋生产总值的5.0%、33.4%和61.6%。2021年，中国主要海洋产业增加值34050亿元，比上年增长10.0%，产业结构进一步优化，发展潜力与韧性彰显。海洋电力业、海水利用业和海洋生物医药业等新兴产业增势持续扩大，滨海旅游业实现恢复性增长，海洋交通运输业和海洋船舶工业等传统产业呈现较快增长态势。

当今世界正在发生复杂而深刻的变化，综合研判国内外形势，2022年中国发展面临的风险和挑战明显增多，但是经济长期向好的基本面不会改变，持续发展具有多方面有利条件，并且中国积累了应对重大风险挑战的丰富经验，中国海洋事业发展依然可以大有作为。

海洋是地球上最大的自然生态系统，健康的海洋是建设海洋强国的根本要求。尊重自然、顺应自然、保护自然是我们的理念，海洋生态保护红线是我们严守的防线，推进实施基于生态系统的海洋综合管理势不可当。我们应推动海洋经济深度融入国家区域重大战略，促进海洋经济高质量发展；立足国家重大安全发展战略，把握沿海地区经济社会发展状况以及高水平开放、陆海统筹的发展特征，统筹考虑相关开发利用行为的布局需求；强化海洋领域国家科技力量，优化重大创新平台布局；建好黄河口国家公园，全面提升黄河三角洲生态功能和生物多样性；秉持中国"共商、共建、共享"的全球治理观，与沿海国家开展全方位、多领域、深层次的双边多边合作，构建蓝色伙伴关系，深度参与全球海洋治理。

新的一年，新的希望，新的征程，新的海洋。

孙吉亭

2022 年 4 月

目　录
（第 13 辑）

海洋产业经济

海洋区域经济

海洋绿色发展与管理

CONTENTS

(No.13)

Marine Industrial Economy

Marine Regional Economy

Marine Green Development and Management

·海洋产业经济·

基于专利分析的海洋工程装备产业创新研究[*]

刘艳红 邱凤霞 杨 涛 闫 文[**]

摘 要 海洋工程装备产业在中国海洋强国战略中占据重要的基础和支撑地位。本文运用专利分析法对中国海洋工程装备产业创新现状与趋势、空间分布、技术构成、专利合作等情况进行分析。结果表明，近十年间，中国海洋工程装备产业专利总体呈现快速增长态势和区域间非均衡发展态势。当前中国海洋工程装备产业创新以企业为主，高等院校的重要创新源泉功能在海洋工程装备产业尚未显现。基于全球视野，诸多产业创新中合作创新日益加强，而海洋工程装备产业中，企业与高校对外的专利合作也不断增强，产学之间的合作创新具有坚实的技术基础。

* 本文为河北省科技厅"河北省省级科技计划软科学研究专项资助"项目"河北省现代海洋产业体系创新发展研究"（项目编号：215576126D）、河北省教育厅人文社会科学重大课题攻关项目"河北省海洋经济高质量发展研究"（项目编号：ZD202118）的阶段性成果。

** 刘艳红（1967~），女，经济学博士，河北建材职业技术学院副院长、教授，河北科技师范学院硕士生导师，主要研究领域为产业经济、沿海经济。邱凤霞（1971~），女，经济学博士，讲师，河北科技师范学院硕士生导师，主要研究领域为创新网络、科技管理。杨涛（1981~），男，经济学硕士，河北建材职业技术学院副教授，主要研究领域为国际贸易、沿海经济。闫文（1981~），女，管理学博士，河北科技师范学院副教授，主要研究领域为海洋经济、科技创新。

关键词 海洋工程装备产业 海洋产业 海洋经济 专利合作 专利分析

引 言

随着世界海洋经济的加速发展，国家之间的海洋经济竞争不断升级。中国作为海洋大国，海洋经济在宏观经济中的贡献度不断提高，特别是在国内外不确定性逐渐增多的复杂环境下，海洋经济延续了相对平稳的发展趋势：近五年全国海洋生产总值平均增速达 6.5%，占国内生产总值的比重稳定在 9.0% 以上。

在海洋生产总值中，海洋产业是海洋生产总值的主体和支撑，占有举足轻重的地位。海洋产业指开发利用和保护海洋所进行的生产和服务活动。2020 年，海洋产业生产总值达到 52953 亿元。根据第一次全国海洋经济调查对海洋产业的界定标准，海洋产业共包含 24 个大类，其中，海洋工程装备产业是海洋产业中附加值最高、引领力最强、战略地位最重要的产业，在中国海洋强国战略中占据重要的基础和支撑地位。2020 年，中国海洋工程装备产业生产总值占主要海洋产业生产总值的比例已达 15.09%。① 同时，海洋工程装备产业属于战略性新兴产业。早在 2010 年 10 月出台的《国务院关于加快培育和发展战略性新兴产业的决定》就已经将海洋工程装备作为高端装备制造产业的重要组成部分，提出要"面向海洋资源开发，大力发展海洋工程装备"。② 近年来，中国海洋工程装备产业发展步伐逐步加快。但总体而言，由于投入大、风险高、壁垒高，产业规模仍然较小，产品主要处于价值链下游，在世界海洋强国竞争中处于弱势地位。

由于海洋工程装备产业起步晚，产业复杂性和技术复杂性较强，专门从产业创新视角对海洋工程装备进行的研究较少。现有的研究多是在

---

① 《2020 年中国海洋经济统计公报》，自然资源部网站，http://gi. mnr. gov. cn/2021
03/t20210331_2618719. html，最后访问日期：2021 年 3 月 31 日。

② 《国务院关于加快培育和发展战略性新兴产业的决定》，中国政府网，http://www.
gov. cn/zwgk/2010 – 10/18/content_1724848. htm，最后访问日期：2021 年 1 月
13 日。

战略性新兴产业框架下研究海洋工程装备产业①，或是从原有的对船舶业创新的研究中延伸而来②。孙吉亭等较早地系统考察了包括海洋工程装备制造业在内的海洋产业创新体系、产业发展战略和海洋科技成果产业化机制等产业路径。③ 张偲和权锡鉴剖析了中国海洋工程装备制造业存在的设计开发能力落后、高端配套能力薄弱、工程总包能力欠缺、产业体系不健全、统筹规划不完善等发展瓶颈，进而指出产业链升级对海洋工程装备制造业的重要意义。④ 唐书林等利用空间集聚结构考察网络嵌入对产学研区域协同创新的影响，并证实了环渤海、珠三角、长三角三个区域的海洋装备集群的内部结构存在明显的空间模仿效应，但地方保护主义限制了溢出效应。⑤ 贾晓霞从企业资源理论出发研究了网络嵌入对海洋工程装备企业技术创新绩效和转型过程的影响，将海洋工程装备产业的创新研究进一步细化到微观企业层面。⑥ 由于海洋工程装备产业起步晚，产业复杂性和技术复杂性较强，有待专门从产业创新视角对海洋工程装备进行深入剖析。

专利是反映技术创新活动强度、水平和方向的重要指征。专利分析是运用统计学的基本方法，通过对专利信息进行深度挖掘、整理、提炼和演示，使零散、分散、静态的个体信息转化为系统、总体和具有动态预测性的专利情报，进而为企业创新决策和产业创新规划提供参考。基于此，本文从专利出发，运用专利计量及可视化图谱方法，分析海洋工

① 王兴旺：《高端装备制造产业创新与竞争力评价研究——以上海海洋工程装备产业为例》，《科技管理研究》2018 年第 11 期；盛朝迅等：《中国海洋产业转型升级研究》，中国社会科学出版社，2020，第 53 ~ 56 页；黄盛：《战略性海洋新兴产业发展的个案研究》，《经济纵横》2013 年第 6 期。
② 戈钢、赵金楼：《基于供应链的区域船舶制造产业集群网络模型研究》，《科技管理研究》2016 年第 6 期。
③ 孙吉亭等：《海洋科技产业论》，海洋出版社，2012，第 61 ~ 97 页。
④ 张偲、权锡鉴：《我国海洋工程装备制造业发展的瓶颈与升级路径》，《经济纵横》2016 年第 8 期。
⑤ 唐书林、肖振红、苑婧婷：《网络模仿、集群结构和产学研区域协同创新研究：来自中国三大海洋装备制造业集群的经验证据》，《管理工程学报》2016 年第 4 期。
⑥ 贾晓霞：《企业战略转型中资源重构的过程——以海洋装备制造企业为例》，《中国科技论坛》2018 年第 2 期。

程装备产业创新态势，重点研究该技术领域专利申请的现状、布局、创新团队以及合作情况，力求呈现海洋工程装备产业专利发展态势与研发活动特点，进而揭示创新活动特征、瓶颈和发展路径。在此基础上，提出提升海洋工程装备产业创新能力的几点建议，以期为中国海洋工程装备产业市场主体的创新决策和政府制定扶持政策提供参考。

一 数据来源

本文所用数据来源于 IncoPat 数据库，数据范围为国内海洋工程装备产业，专利类型为发明专利，检索日期为 2021 年 12 月 11 日，最终通过简单同族合并共获得专利 75787 项。海洋工程装备产业专利的数量查询依据《战略性新兴产业分类与国际专利分类参照关系表（2021）（试行）》，其中 2.5 部分为海洋工程装备产业查询用国际专利分类。本文将定性与定量方法结合，以定量分析为依托。

二 海洋工程装备产业创新分析

（一）专利技术研发态势分析

从图 1 可以看出，1988～2020 年，专利申请数量持续快速增加，共产出 71201 项专利。具体而言，中国海洋工程装备领域专利布局可以分为四个阶段。

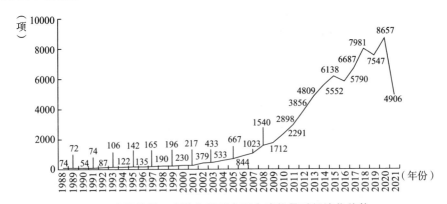

图 1 中国海洋工程装备领域专利申请数量时间演化趋势

第一阶段（1988～1999年），萌芽阶段。此阶段，专利布局数量较少，增速缓慢，具有明显的产业技术创新萌芽阶段的特征。1988～1992年，每年的专利申请数量变动不大，维持在每年50～90项。1993年开始，海洋工程装备领域创新进入每年超过100项的阶段。当然，1993～1999年，总体发展变化依旧缓慢。该阶段，1993年专利申请量最少，为106项；1999年达到该阶段最大值，为196项。而最大值与最小值的差距为90项。

第二阶段（2000～2006年），稳步发展阶段。这一时期专利布局数量明显且稳步增多。2000年开始，海洋工程装备领域创新进入超过200项时期，而这样的时期也仅保持了两年。从2002年开始，海洋工程装备领域创新进入快速增长时期，中国海洋工程装备领域创新成果大幅度增加：2002年为379项，不足400项；2003年就超过400项，而2004年和2005年又分别超过500项和600项；2006年更是达到844项。

第三阶段（2007～2015年），快速增长阶段。这一阶段，产业专利布局数量快速增长，产业创新活动活跃且成效明显。2007～2009年，每年专利申请均为1000～2000项，但也仅停留了三年的时间。而从2010年开始，中国海洋工程装备领域创新进入了突破2000项时期。2012年的专利申请超过3000项，接近4000项。2013年、2014年、2015年三年创新发展突飞猛进，每年的专利申请增长明显，从接近5000项，到超过6000项，而2015年更是达到6138项。

第四阶段（2016～2020年），调整突破阶段。该时期产业专利布局数量出现了"二起二落"的技术研发态势，与2015年相比，2016年数量减少了348项。但是，2017年和2018年又奋起直追，从6687项到2018年直达7981项。2019年又有所减少，但也达到较高值，超过7000项。2020年，数量更是达到历史最高值，为8657项。由于专利从申请到公开需要约2年的时间，2021年数据仅供参考。但即便如此，2021年数量也达到4906项，体现了创新活动在调整中不断突破，在突破后又进行调整的特征，反映出创新活动进入了关键核心领域。

总体上，国内对海洋工程装备的研究呈持续增长的趋势，这与中国经济快速增长以及对海洋资源的需求不断增加均密切相关。

（二）专利申请空间地域分布

对地区申请专利数量进行统计分析，可以得出该地区的创新实力和区域间的竞争强度，从而为区域间的技术协同、产业创新政策制定提供有用信息。

从地区视角来看，中国海洋工程装备优势技术地区分布具有鲜明的地域特色。位居沿海地带的区域，拥有海洋要素禀赋资源，在海洋工程装备创新中，也展现出强大的实力。在专利申请前十区域中，6个为沿海区域，分别是江苏、浙江、广东、山东、上海、辽宁。专利申请前五区域的专利申请量占总体的比例高达46.7%。前十区域专利集中度为67.0%，空间集聚效应初显。从专利布局总量上看（见图2），江苏在海洋工程装备领域的专利布局数量最多，1985~2020年的16年间，总量为9435项，占全国的比例为13.2%，其次是北京（12.6%）、浙江（7.2%）、山东（6.7%）、广东（6.3%）和上海（5.8%）。

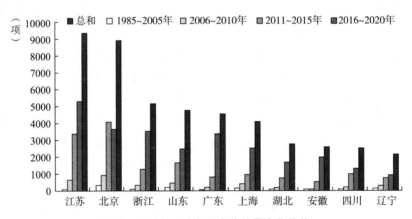

图2 中国各区域专利申请数量变化趋势

注：此处仅对专利总量前十名的省（市）进行分析。

梳理海洋工程装备产业专利布局数量五年间的变化趋势（见图2），可以得出：各区域在海洋工程装备产业创新中，创新总量及区域创新生命力不尽相同。第一梯队，包含江苏和北京。江苏在海洋工程装备产业领域的专利布局数量增长速度极快，1985~2020年其专利总量达到9435项。而1985~2005年，其专利总和仅有73项。2006~2010年，5年时间内，专利总量为657项。而随后的五年，即2011~2015年，专利总量达到前一个五年的5.1倍多。2016~2020年，继续保持增长态势，专利申请数量为前一个五年的1.6倍之多。从总量视角看，北京的专利申请数量位居第二，为8982项，与第一位差距不大。同样，在前三个阶段，专利申请量持续增加，在2011~2015年，超越江苏，位列第一，达到4113项。

但是，在 2016～2020 年的五年时间中，其申请量有所减少，为 3643 项。第二梯队，包含浙江、山东、广东、上海四区域。其专利申请总量集中在 4000～5000 项。四个区域在四个时期，均呈现较强的创新能力增长态势。第三梯队，包含湖北、安徽、四川、辽宁四区域。其专利申请总量接近，均处于 2100～2800 项。在第三梯队包含的地区中，有三地为内陆省份，仅辽宁为沿海省份。另外，与前两个时期相比，湖北、安徽专利申请数量在后两个时期增长较快。相对而言，四川和辽宁的专利增长属于稳步、渐缓型。2011～2015 年，与前一时期比，四川专利申请量增加至前一时期的 4.65 倍，而辽宁为 2.26 倍。2016～2020 年，两地的专利申请数量虽继续增长，但属较平稳型，四川申请数量为前一阶段的 1.3 倍，辽宁为 1.24 倍。

到此通过分析近五年各区域专利申请数量占总体比例，可说明相关区域创新（专利）的生命力情况。在前十区域中，除北京在近五年的专利申请量有所减少外，其他区域均呈现增长态势，具有很好的发展态势，各区域呈现梯次分布态势。

（三）专利申请人构成分析

申请人构成反映了技术研发的核心主体类型及重点领域构成。企业、高校和科研单位是专利的主要创新申请人。从申请人类型来看（见图 3），在中国海洋工程装备领域，企业已经成为第一的创新主体，其专利申请量占总体的比例高达 65.62%。大专院校将教学与科研密切结合，在海洋工程装备领域也显示出较强的创新实力，其专利申请量占总体的比例位居第二，达到 14.89%。另外，个人申请者在海洋工程装备领域也拥有重要的地位，其专利申请量占比也达到 14.73%。相对而言，中国科研单位的创新能力也相当强大，专利申请总量达到 3000 多项，但与前三位申请人相比，差距显著。另外，中国的机关团体也有专利申请，数量超过 500 项。

在前十名专利申请人中（见图 4），5 家为企业，另外 5 家为高校。前三家申请人均为企业，分别是中国石油天然气股份有限公司、中国石油化工股份有限公司、中国海洋石油总公司。其中，位列第一的中国石油天然气股份有限公司专利申请量为 2060 项，占前十申请总量的 25.95%，优势突出。位列第二的中国石油化工股份有限公司专利申请占总体的比例则达到 17.85%。而中国海洋石油总公司虽位列专利申请量第三，但其

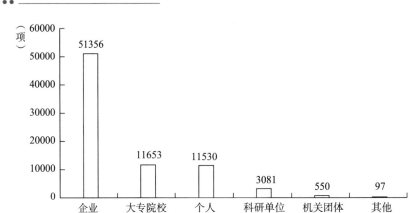

图 3　中国海洋工程装备领域专利申请人类型

专利申请数量仅为第一位中国石油天然气股份有限公司的 38.79%，为第二位中国石油化工股份有限公司的 56.39%。位列前十的申请人中，第四至第七位均是高校，分别为西南石油大学、中国石油大学（华东）、中国石油大学（北京）、哈尔滨工程大学。四家高校专利申请量也非常接近：最多的西南石油大学，其专利申请数量为 660 项；而最少的哈尔滨工程大学，其专利申请数量也接近 600 项，达到 583 项。位列第八至第十的申请人中，中联重科股份有限公司、江苏科技大学、中国石油天然气集团有限公司专利申请数量为 350~450 项。

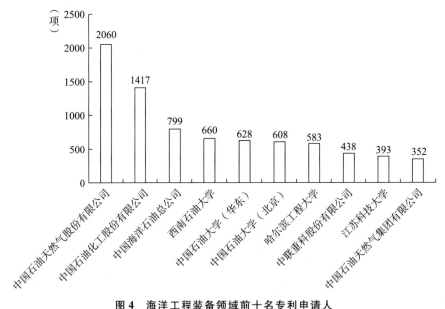

图 4　海洋工程装备领域前十名专利申请人

（四）专利合作分析

专利合作指的是多个创新主体，如企业、高校、科研院所、个人等，共同作为申请人，联合开展申请活动。专利合作既是产学研用协同创新的重要表现，也是共同所有的创新成果，能够有效体现某个领域的产学研合作创新情况。海洋工程装备产业属于高投入、高风险产业，技术领域涉及较多。其次，海洋工程装备产业这一领域存在特殊性。装备制造业是为国民经济和国防建设提供生产技术装备的行业，是制造业的核心组成部分，是支撑国家综合国力的重要基石。而海洋工程装备产业不仅与工程装备技术相关，还与海洋的相关技术相关。产学研合作创新是一个协调发展的过程，因合作能有效降低创新的风险，实现创新主体间的技术互补。

1. 企业专利合作分析

2000 年之前，企业专利合作数量极少，处于合作发展萌芽阶段。其间，1996 年合作专利数量最多，为 6 项。2001～2004 年，合作经历了波动增长阶段，数量较前一阶段有明显增加，且每年合作专利的数量集中在 12～18 项。2005～2015 年，企业专利合作进入高速增长期。2005 年当年还只有 26 项，2006 年达到 41 项。2005～2007 年，每年合作专利数量不超过 100 项。而到 2008 年和 2009 年，超过 100 项。2008 年当年的合作专利数量已经超越 2005 年之前专利合作的总和。2010 年和 2011 年更是超过 200 项，2011 年增长至 298 项。2012～2015 年，合作专利数量超高速增长，2012 年达到 458 项，2013 年超过 500 项，达到 533 项，2014 年和 2015 年分别跃升至 692 项和 758 项。在该阶段，2015 年达到专利合作的最高水平。2016～2020 年，企业合作专利经历了新的一轮增长趋势，2016 年专利合作还只有 2015 年的 60%，随后，经历了 2017～2018 年的增长，在 2019 年和 2020 年超过了原来合作专利的最高值，分别达到 781 项和 840 项。

在企业合作专利数量排名前十申请人中，中国石油化工股份有限公司合作专利数量最多，为 1365 项。其次，中国海洋石油集团有限公司合作专利数量达到 995 项。中国石油天然气集团有限公司、中国石油化工股份有限公司石油工程技术研究院合作的专利数量集中在 300～360 项。而其后的四家公司，即中海油田服务股份有限公司、中国石油集团测井有限公司、中石化石油工程技术服务有限公司、中国石油天然气股份有限公司合作专利数量集中在 200~260 项。

企业在合作领域选择方面呈现较大的差异性（见图 5）。E21B（土层或岩石的钻进）合作专利数量最多，为热点领域，合作专利数量达到 3729 项。B63B（船舶或其他水上船只；船用设备）合作专利数量为 931 项。B66C（起重机；用于起重机、绞盘、绞车或滑车的载荷吊挂元件或装置）和 F16L（管子；管接头或管件；管子、电缆或护管的支撑；一般的绝热方法）合作专利数量相差无几，分别为 534 项和 532 项。C10L（不包含在其他类目中的燃料；天然气；不包含在 C10G 或 C10K 小类中的方法得到的合成天然气）合作专利数量为 363 项。B66D（绞盘；绞车；滑车，如滑轮组；起重机）合作专利数量为 266 项。其余四类，即 F25J（通过加压和冷却处理使气体或气体混合物进行液化、固化或分离）、G06F（电数字数据处理）、B65B（包装物件或物料的机械，装置或设备，或方法；启封）、B63C（船只下水，拖出或进干船坞；水中救生；用于水下居住或作业的设备；用于打捞或搜索水下目标的装置）合作专利数量集中在 200 项左右。

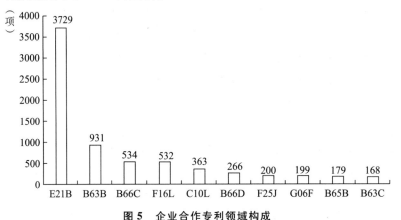

图 5 企业合作专利领域构成

注：E21B 表示土层或岩石的钻进。B63B 表示船舶或其他水上船只；船用设备。B66C 表示起重机；用于起重机、绞盘、绞车或滑车的载荷吊挂元件或装置。F16L 表示管子；管接头或管件；管子、电缆或护管的支撑；一般的绝热方法。C10L 表示不包含在其他类目中的燃料；天然气；不包含在 C10G 或 C10K 小类中的方法得到的合成天然气。B66D 表示绞盘；绞车；滑车，如滑轮组；起重机。F25J 表示通过加压和冷却处理使气体或气体混合物进行液化、固化或分离。G06F 表示电数字数据处理。B65B 表示包装物件或物料的机械，装置或设备，或方法；启封。B63C 表示船只下水，拖出或进干船坞；水中救生；用于水下居住或作业的设备；用于打捞或搜索水下目标的装置。下同。

2. 高校专利合作分析

2006 年之前，高校专利合作处于萌芽期，每年合作专利数量很少，总量为 29 项。其间，最多的一年，即 2004 年和 2006 年，合作专利数量也仅有 5 项。2007～2015 年，专利合作处于波动增长阶段。2016～2020 年，专利合作经历了持续增长的 5 年，从 2016 年的 63 项增加至 2017 年的 79 项；2018 年和 2019 年分别增加至 103 项和 128 项；2020 年，合作专利数量达到最大值，为 164 项。2021 年数量也较多，为 110 项（见图 6）。

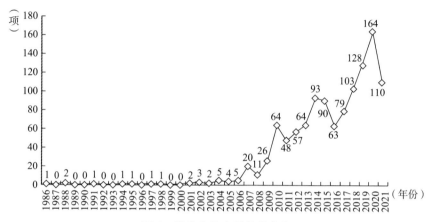

图 6 高校合作专利趋势分布

高校合作专利数量前十申请人中，中国石油大学（北京）合作专利数量最多，为 137 项。其次为江苏科技大学的 124 项。位列第三和第四的中国石油大学（华东）、西南石油大学合作专利数量也分别达到 84 项和 77 项。位于第五至第十的分别为上海交通大学（34 项）、大连理工大学（32 项）、浙江大学（32 项）、中国矿业大学（28 项）、哈尔滨工程大学（28 项）、华南理工大学（20 项）。比较而言，后五位合作专利数量与前五位相比，明显减少（见图 7）。

高校合作的专利领域也呈现较大的差距。其中，E21B 领域合作专利数量最多，达到 476 项。其次，B63B 领域合作专利数量也达到 234 项。与前两类相比，B63C、B66C 领域合作专利数量接近，分别为 93 项和 90 项。F16L（64 项）、C10L（59 项）、B63G（52 项）、B66D（51 项）领域合作专利数量接近，集中在 50～65 项。E02B 和 B63H 领域合作专利数量不多，分别只有 33 项和 25 项（见图 8）。

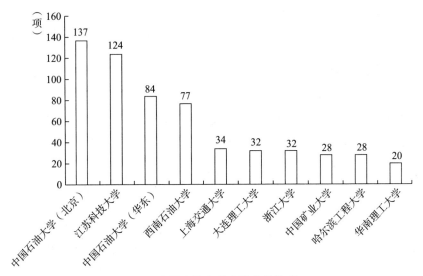

图 7　主要合作专利申请高校构成

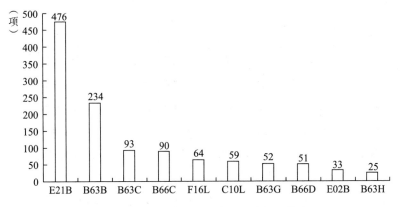

图 8　主要合作专利申请高校申请领域构成

　　注：B63G 表示舰艇上的攻击或防御装置；布雷；扫雷；潜艇；航空母舰。
E02B 表示水利工程。B63H 表示船舶的推进装置或操舵装置。

三　结果与讨论

　　本文基于专利分析法，从专利研发态势分析、专利空间地域分布、专利申请人、专利合作四个方面，对中国海洋工程装备产业的创新情况进行了分析，由此得出以下结论。

　　中国海洋工程装备产业专利布局总体呈现快速增长态势，经历了萌芽期、稳步发展期、快速增长期和调整突破期四个阶段。直至今日，中国海洋工程装备领域创新成果依然保持强劲的增长态势，显示出该领域强大的创新活力。

在中国诸多的区域中，随时间延续，绝大多数区域呈现快速增长态势。在前十区域中，沿海区域和内陆区域各占一半。专利区域布局已经呈现空间集聚效应，前五区域专利申请集聚度高达46.7%，接近总体的半壁江山。但是，区域间专利申请数量分布并不均衡，而是呈现梯次分布态势。江苏、北京为第一梯队，创新优势遥遥领先。而第二梯队的浙江、山东、广东、上海四区域创新优势接近，与第一梯队相比，差距明显，专利申请总量为第一梯队的一半左右。第三梯队专利申请总量约为第二梯队的一半，而仅为第一梯队的约1/4。另外，各地的创新能力增长也呈现不同的特征。除北京外，其他9个区域专利申请量持续增长。唯有北京在2016~2020年专利申请数量较上一个五年呈现下降趋势。中国沿海的其他区域，并未列入前十区域范围，创新能力较弱。

在前十申请人（创新机构）中，企业和高校申请人数量各占半壁江山。但是，从申请数量总和来看，二者却呈现较大的差异性。5家企业申请总和为5066项，而5所高校申请总和仅占5家企业申请总和的56.69%。企业申请人形成专利申请梯次分布，创新实力差异较大。比较而言，高校申请人申请数量差异不大，创新实力相当。因而，当前中国海洋工程装备产业创新以企业为主，高等院校的重要创新源泉功能在海洋工程装备产业尚未显现。

企业专利合作可概况为"两峰一谷"。在2000年之前，每年的合作数量极少，处于萌芽阶段。2000年之后，增速明显。随着企业专利申请量的增加，合作专利数量也迅速增长。这表明合作创新已经成为企业创新的一种常态。2015年，企业合作专利数量达到第一个高峰。而2016年合作专利数量成为企业合作迅速发展期的谷底，2016~2020年，合作专利数量开始了另一轮快速增长，在2020年，合作数量达到另一个高峰，比前一个高峰对应数量还多。可以预测，未来中国海洋工程装备产业中，企业合作创新应该会保持继续增长的态势。通过合作，寻求外部优质创新资源，规避风险，实现"1+1>2"的创新效应，将会成为企业创新的重要形式。

与企业的专利合作态势不同，高校的专利合作数量波动性较大。2006

年之前，每年的合作数量很少，合作处于缓慢发展的萌芽阶段。而从 2007 年开始，才呈现增长态势。整体上，在高校的专利合作阶段中，出现过 4 次小高峰，分别是 2007 年、2010 年、2014 年、2020 年。应该说，2016～2020 年 5 年持续增加的合作专利数量，表明了高校对合作创新的重视；也预示着，未来中国海洋工程装备产业创新中，各高校将继续加强合作，实现创新能力持续增强的态势。

在企业合作专利中，前十申请人中超过千项的只有 1 家，而前十申请人专利数量分布的变异系数为 0.86。在前十高校合作专利申请人中，合作专利数量多于 100 项的高校只有 2 家，其余均低于 100 项，大多数高校合作专利数量极少。而高校合作专利前十申请人专利数量分布的变异系数为 0.72。因而，与高校相比，企业合作专利数量前十申请人合作专利数量间差距更大，而高校间差距较小。

在企业与高校的前十合作领域中，前五领域分布及排序大致相同。这表明这些领域是企业与高校合作共同关注的技术领域。因而，产学之间的合作创新具有坚实的技术基础。未来，应通过加强合作，推动海洋工程装备产业创新中"企业—企业""企业—高校"之间搭建共性技术研发平台，形成研发合力。从平台性质上看，鼓励成立新型研发机构，发挥"投资主体多元、市场导向鲜明、利益分配灵活"的运作优势，进而快速集聚产业链各环节商业化所需要的关键要素，推动研发活动和商业活动齐头并进，加速技术成果转化，培育良好的产业创新生态。

Innovation Research of Ocean Engineering Equipment Industry Based on Patent Analysis

Liu Yanhong[1,2], *Qiu Fengxia*[2], *Yang Tao*[1], *Yan Wen*[2]

(1. Hebei Construction Material Vocational and Technical College, Qinhuangdao, Hebei, 066004, P. R. China; 2. Hebei Normal University of Science & Technology, Qinhuangdao, Hebei, 066004, P. R. China)

Abstract: The ocean engineering equipment industry is off undamental position among ocean industries. Patent analysis is used to analyze the current situation and trend, spatial distribution, technology composition and patent co-operation of China's ocean engineering equipment industry innovation in this paper. The results show that the patent distribution of China's ocean engineering equipment industry has grown rapidly in the past decade, but is not evenly distributed among regions. At present, China's ocean engineering equipment industry innovation is dominated by enterprises instead of universities. Based on a global perspective, cooperative innovation in many industrial innovations is increasingly strengthened, and the external patent cooperation of enterprises and universities is also enhanced in the ocean engineering equipment industry. The cooperative innovation between enterprises and university has a solid technological foundation in the ocean engineering equipment industry.

Keywords: Ocean Engineering Equipment Industry; Ocean Industry; Marine Economy; Patent Cooperation; Patent Analysis

（责任编辑：孙吉亭）

"十四五"时期中国造船业高质量发展重点方向研究

孙崇波　阴　晴　金伟晨*

摘　要　"十三五"时期中国造船业贯彻落实党中央、国务院关于推进供给侧结构性改革、建设海洋强国和制造强国战略部署，全面深化结构调整，加快转型升级发展。全行业经受住国际市场低迷等外部形势严峻考验，造船规模保持全球领先地位。"十四五"时期是中国造船业实现由大到强的战略机遇期，亟须增强科技创新能力，提升产业链、供应链现代化水平，推动全行业高质量发展。基于此，本文全面总结"十三五"时期中国造船业取得的成绩和存在的问题，深入分析"十四五"时期中国造船业面临的新机遇和新挑战，系统提出中国船舶业高质量发展的重点方向。

关键词　造船规模　造船业　造船完工量　海洋工程装备　海工产品

一　"十三五"时期中国造船业发展回顾

"十三五"时期，中国造船业贯彻落实党中央、国务院决策部署，

---

*　孙崇波（1979～），男，中国船舶重工集团第七一四研究所高级工程师，主要研究领域为船舶产业、船舶科技、企业战略等。阴晴（1983～），男，中国船舶重工集团第七一四研究所高级工程师，主要研究领域为船舶产业、企业战略等。金伟晨（1991～），中国船舶重工集团第七一四研究所工程师，主要研究领域为船舶科技、企业战略等。

在《船舶工业深化结构调整加快转型升级行动计划（2016—2020年）》《海洋工程装备制造业持续健康发展行动计划（2017—2020年）》等产业政策支持和引导下，克服市场低迷等带来的不利影响，实现了产业持续健康发展。

（一）取得的成绩

中国造船规模保持全球领先，产业结构不断优化，科技创新能力大幅提升，承接和交付了一批具有代表性的船舶和海工产品，产业转型升级取得显著成效。

1. 巩固世界第一造船大国地位

"十三五"时期，中国造船完工量、新接订单量和手持订单量全球占比分别保持在35%、40%和40%以上（见表1），造船规模领先韩国和日本，巩固了"十二五"以来世界第一造船大国地位。龙头企业竞争能力明显提升，2015年中国分别有3家和4家企业进入世界造船完工量和新接订单量前10强，到2020年中国进入世界造船完工量和新接订单量前10强的企业分别上升到5家和6家。[①]

表1　中国三大造船指标变化情况

指标		2016年	2017年	2018年	2019年	2020年
造船完工量	数量（万载重吨）	3532	4268	3458	3672	3425
	全球占比（%）	35.9	43.9	43.1	37.2	38.9
新接订单量	数量（万载重吨）	2107	3373	3667	2907	2386
	全球占比（%）	59.0	46.4	47.7	44.5	46.4
手持订单量	数量（万载重吨）	9961	8723	8931	8166	7223
	全球占比（%）	43.0	44.4	43.0	43.5	45.0

资料来源：谢予、阴晴、金伟晨《"十三五"中国船舶工业发展回顾与未来展望》，《世界海运》2021年第2期。

2. 产品结构持续优化升级

"十三五"时期，中国在巩固常规船型优势的同时，积极开发高技术船舶和海洋工程装备，承接和交付了一批具有代表性的产品。

散货船继续巩固规模优势，市场份额连年保持在30%以上。集装箱

---

① 数据来源：《中国船舶工业年鉴2016》《中国船舶工业年鉴2021》。

船大型化成效显著，中国 20000 箱及以上船型国际市场份额从"十三五"初期的 7% 增长到"十三五"末期的 30%，成功交付全球最大 23000 箱双燃料动力超大型集装箱船。① 液化天然气产业链实现突破，形成了从 2 万立方米到 27 万立方米液化天然气船的完整型谱，首次承接 17.4 万立方米浮式液化天然气储存及再气化装置（LNG-FSRU）。豪华邮轮建造稳步推进，首艘国产大型邮轮开工建造，批量承接极地探险邮轮订单，首制船成功交付并完成南极航行。

深远海油气开发装备取得突破，建造交付深水浮式生产储卸油装置"海洋石油 119"、半潜式钻井台"蓝鲸 1 号"和"蓝鲸 2 号"，助力中国南海资源开发。深远海渔业养殖装备快速发展，交付世界首座半潜式智能海上渔场"海洋渔场 1 号"、全球最大深水养殖工船"JOSTEIN AL-BERT"、中国首座全潜式大型智能网箱"深蓝 1 号"等典型装备。除此之外，还批量承接了风电安装船、海上风电场运维船等海工船订单。

3. 科技创新能力显著增强

"十三五"时期，中国造船业不断加大科研投入，加快创新平台建设，科技创新能力显著增强，在深海、极地、绿色、智能等领域取得了一批创新成果。

一是深海勘探装备取得新突破。4500 米"深海勇士"号载人潜水器完成了研制并正式交付，国产化率达到 95%；"奋斗者"号全海深载人潜水器突破万米，创造中国载人深潜新纪录。

二是极地船舶研发建造取得进步。中国首艘自主建造的极地科考破冰船"雪龙 2"号正式交付，极地凝析油船、极地甲板运输船开启破冰之旅，特种低温钢等低温材料研发取得突破，与欧盟、俄罗斯在极地技术与装备方面的研发合作不断加强。

三是船舶绿色化水平不断提高。突破液化天然气燃料动力、辅助动力及减阻节能等关键技术，双燃料超大型集装箱船、双燃料豪华客滚船等船型相继交付。风能、太阳能等辅助动力完成示范应用，全球首艘安装风帆的大型原油运输船完工交付，自主开发全球首艘 2000 吨级氢燃料运输船和国内首艘锂电池动力客船。

---

① 谢予、阴晴、金伟晨：《"十三五"中国船舶工业发展回顾与未来展望》，《世界海运》2021 年第 2 期。

四是智能船舶实现示范应用。中国骨干船企、航运企业、科研单位等积极开展智能船舶及系统开发，交付了"大智"号散货船、"明远"号大型矿砂船、"明卓"号大型矿砂船、"凯征"号大型原油船等一批智能船舶，中国造船业迈入"智能船舶1.0"时代。

4. 船舶配套能力明显提升

"十三五"时期，中国船舶配套业贯彻落实《船舶配套产业能力提升行动计划（2016—2020年）》部署，实施船用设备创新工程、质量品牌工程、示范应用工程、关键零部件强基工程、制造能力提升工程等"五大工程"，配套业发展取得新进展。

重点船用设备研制成绩显著。在船用动力装置方面，基本形成船用柴油机研发制造服务体系，自主品牌双燃料低速机、船用低速柴油机、船用中速机完成开发并批量接单。在甲板机械和舱室机械领域，主动补偿起重机、货油泵系统、大型船用锅炉等通过认证并实现批量接单。在专用设备领域，自主研发的液化天然气供气系统（FGSS）获得多家船级社认证。

自主品牌建设取得突破。以压载水管理系统为例，中国涌现出青岛双瑞、青岛海德威、中远海盾、九江海博士、无锡蓝天等一批自主品牌，全球市场份额达到20%。在船舶脱硫装置方面，研发推出拥有完全自主知识产权的产品，在全球船舶脱硫装置改装市场中占据优势地位。

5. 修船产业向高端绿色转型

"十三五"时期，中国抓住国际绿色环保规则实施带来的机遇，船舶修理和改装业务活跃，技术水平不断提升。

根据英国克拉克森研究公司统计，2020年中国完成船舶修理改装项目5711艘，占全球修船总量的49.6%，全球十大修船企业排名中，中国船企占得9席。中国修船业在巩固规模优势的同时，积极推动产业向高端转型，完成了大型豪华邮轮、超大型集装箱船、大型液化天然气船、浮式生产储油轮等一批高端产品修理改装。

在绿色修船领域，中国成立修船业超高压水技术联盟，加强行业监督管理。骨干修船企业加大节能环保设备、焊接自动化设备、除锈和涂装机器人设备、数字化管理系统应用力度，促进了修船产业向绿色智能化转型。

6. 产业供给侧结构性改革取得阶段性成效

"十三五"时期，中国造船业大力推进供给侧结构性改革，坚决落实化解产能过剩重点任务，资源整合取得积极进展，产业集中度大幅提升。

大型央企积极推进资源重组，中船重工集团与中船工业集团合并成全球最大造船集团，中国远洋海运集团整合 13 家大型船厂和 20 多家配套服务研究公司成立中远海运重工有限公司，招商局收购和整合中外运长航集团、中航工业集团旗下造船资源。江苏、浙江、山东、福建等省份通过产能置换、退城还园、改造升级等方式主动压减和化解过剩产能。部分造船企业破产、重组、转产，根据英国克拉克森研究公司统计，中国活跃船厂数量由 2013 年的 132 家减少至 2020 年底的 106 家，减少 19.7%。

随着产业破产重组的深入推进，造船产能过剩问题得到有效缓解，产业集中度大幅提升。全国造船完工量排名前 10 的船企完工量之和占全国的比重由 2015 年的 53.4% 升至 2020 年的 70.6%；新接订单量排名前 10 的船企接单量之和占全国的比重由 2015 年的 70.6% 升至 2020 年的 74.2%。①

（二）存在的问题

与世界造船强国相比，中国造船业仍大而不强，在自主创新能力、船舶配套能力、效率效益等方面差距明显，中国造船业高质量发展任务迫切而艰巨。

1. 自主创新能力不足

与世界先进水平相比，中国主流船舶和海工产品在空船重量、结构部件、油耗等技术性能指标上存在一定差距。大型液化天然气船、大型豪华邮轮等高端船舶和海工装备尚未完全具备设计开发能力，导致部分高端产品无法实现接单突破。船体线型、减振、降噪减排等基础共性技术研究仍相对落后，部分船型尚未满足现有排放控制的最高要求。

2. 配套业及供应链存在明显短板

长期以来，中国船舶配套业整体发展不充分，滞后于船舶总装业务发展。中国船舶配套业规模仅为造船业规模的 1/6，而日本、韩国的船舶配套业与造船业规模之比分别是 1∶2.5 和 1∶2.7，欧洲船舶配套业最发达，规模是造船业的 3 倍以上。受产业基础能力不足等因素制约，部分核心配套设备尚不具备自主知识产权，仍需要大量进口，导致中国

---

① 数据来源：《中国船舶工业年鉴 2016》《中国船舶工业年鉴 2021》。

船舶配套本土化率仅为60%，而韩国船舶配套本土化率超过80%，日本、欧洲船舶配套本土化率均超过90%。①

3. 生产效率和管理水平与世界先进水平差距大

近年来，中国积极推进现代造船模式建设，精益管理水平明显提高，但与日本和韩国相比差距依然较大。国内骨干船企每修正总吨工时平均消耗为20～30，生产效率仅为日韩企业的1/2，甚至1/3。日本主要船企的人均营业收入在40万美元以上，韩国主要船企的人均营业收入在26万美元以上，而中国主要船企的人均营业收入为15万～26万美元。②

4. 船企经营效益大幅下滑

"十三五"时期，劳动力成本持续上升，船板价格涨幅明显，人民币兑美元汇率波动加剧，给处于市场低迷期的船企带来较大压力，中国造船业整体盈利水平持续下降。2020年，全国规模以上船舶工业企业有1043家，实现营业收入4362.4亿元，实现利润总额47.8亿元，营业收入和利润总额较2016年分别下降42.5%和73.8%，行业整体利润率仅为1.1%。③

5. 船舶行业"用工难"问题越发严峻

随着老龄化加速和人口红利逐渐消失，劳动力成本快速上升与用工缺口急剧扩大问题凸显。"十三五"时期，中国造船业普遍面临"招工难、留人难、用工贵"问题。中国造船业劳务用工成本几乎每年递增，用工成本增长速度高于企业生产效率提升速度，给本就处于薄利甚至亏损的船企带来巨大压力，也使得中国造船业多年来依赖的成本优势难以为继。

二 "十四五"时期中国造船业发展面临的形势

"十四五"时期，中国造船业面临的宏观政治经济环境更加复杂，新一轮科技革命和产业变革以及海事规则规范给产业发展带来深远影响，

---

① 马淑萍、阴晴、孙崇波：《建设世界一流大型船舶企业集团》，《调查研究报告》2020年第2号。

② 马淑萍、阴晴、孙崇波：《建设世界一流大型船舶企业集团》，《调查研究报告》2020年第2号。

③ 数据来源：《中国船舶工业年鉴2021》。

韩国、日本、欧洲等主要竞争对手纷纷出台支持造船业发展的战略，加大对绿色化、智能化等前沿领域的争夺，中国造船业发展机遇与挑战并存。

（一）总体态势

1. 全球政治经济形势复杂多变，中国进入高质量发展新时期

世界正经历百年未有之大变局，国际环境日趋复杂，不稳定性、不确定性明显增强。国际力量对比深刻调整，大国博弈日趋激烈，造船业作为出口导向型产业，产业链、供应链安全稳定问题凸显。

中国深入实施海洋强国、交通强国、制造强国等国家战略，为造船业发展提供了重大战略机遇。《中华人民共和国国民经济和社会发展第十四个五年规划和 2035 年远景目标纲要》明确提出，开展深海运维保障和装备试验船、重型破冰船等科技前沿领域攻关，推进邮轮、大型液化天然气船和深海油气生产平台等研发应用，为中国造船业高质量发展指明方向。加快构建以国内大循环为主体、国内国际双循环相互促进的新发展格局，为造船业扩大内需、优化产业布局、聚集全球资源、实现更高水平的开放合作提供了重要保障。党中央做出碳达峰、碳中和重大战略决策，倒逼造船业加速绿色转型，"十四五"时期关于船舶制造阶段的碳排放核算、碳减排路径和碳减排技术方案等问题亟待解决。

2. 船海市场持续低迷或将延续，造船业竞争格局发生深刻调整

受宏观经济低迷的不利影响，"十四五"时期世界海运贸易量和运力需求都将处于低速增长区间，造船产能过剩问题仍未根除，全球船舶市场需求难以大幅增长。海运贸易结构和能源结构变化，带来新船需求结构显著变化。"十四五"时期，液化天然气船、支线型集装箱船等细分船型存在较好发展前景，海上风电开发装备、智能渔业养殖装备等新兴海洋装备需求将明显增加。

国际造船格局加速分化，从中日韩欧"四极格局"走向"1＋1＋2三梯队"（即中国＋韩国＋日欧）。从企业层面看，中日韩等主要造船国家推动头部造船企业联合重组，全球造船业"寡头竞争"态势显现。围绕技术、产品、市场的全方位竞争日趋激烈，决定竞争成败的关键不再是设施规模、低劳动力成本等因素，而是技术、管理、质量、品牌等软实力，以及造船、配套等全球产业链协同，科技创新能力对竞争力的贡

献更为突出。中国造船业低成本制造的传统优势逐步削弱，新的比较优势亟待重构。

3. 新一轮科技革命和产业变革蓬勃发展

以云计算、大数据、物联网等为代表的新一代信息技术正在与船舶行业的产品、业务模式、生产体系等各方面加速融合，推动船舶与海洋工程装备设计、制造、运维等向智能化升级，加快智能船舶、智能港口、智能物流与服务一体化发展。

全球能源消费结构正在加速转型，清洁低碳、安全高效的绿色能源消费占比稳步提升，无碳能源、可再生能源等能源技术蓬勃发展，对海洋新能源开发装备、绿色能源运输船舶等新能源利用与运输装备等的需求越发旺盛，将给船舶动力系统带来重大变革。

随着浅海资源开发技术的日趋成熟，浅海资源日益匮乏，深远海资源成为世界各国争夺的焦点。深海极地油气、生物、矿产等资源开发装备以及大潜深探测与作业潜水装备等成为国际工程科技研究的难点和前沿，随着相关技术的不断突破，深海装备将成为行业未来新的增长点。

4. 海事新规则、新规范引领未来绿色发展方向

气候变化、海洋环境保护、绿色航运等已成为未来海事新规则、新规范的关注焦点。2018 年 4 月，国际海事组织通过了航运业碳减排的初步战略，提出到 2030 年，每一运输单位的二氧化碳排放量相较 2008 年减少 40%，到 2050 年减少 70%，同时到 2050 年，总排放量与 2008 年相比减少 50%。由于长期、严格的减碳和去碳化发展目标已经确定，船用动力系统和相关装备面临绿色革命。

燃料选择将是实现全球航运业脱碳目标的关键，船舶燃料转型正在加速发展。据中国船舶工业行业协会统计，2021 年，中国新接订单中绿色动力船舶占比达到 24.4%。据 DNV GL 集团发布的《面向 2050 年的海事展望》预测，未来 5～10 年液化天然气将成为过渡期的主要替代能源，到 2050 年氨气和甲醇将成为最具前景的碳中和燃料。

（二）竞争对手发展战略

韩国、日本、欧洲等主要竞争对手纷纷明确 2021～2025 年及更长一段时期海事领域发展战略，韩国提出建设世界第一造船强国战略目标；日本、欧洲更多聚焦绿色智能等前沿领域，企图通过技术领先保持在全

球海事业的领军地位。

1. 韩国提出世界第一造船强国战略目标

2021 年 9 月，韩国产业通商资源部、雇佣劳动部、海洋水产部联合发布《韩国造船再腾飞战略》。在该战略中，韩国雄心勃勃地提出成为世界第一造船强国战略目标，以及到 2030 年绿色环保船舶和自主航行船舶全球市场份额分别达到 75% 和 50% 的具体目标。

重点举措包括以下三个方面。一是确保与订单业绩相匹配的生产能力，包括制定人力资源专项政策，确保劳动力供给，支持船厂及配套企业数字化、智能化升级，增强智能制造能力。二是推动低碳船舶技术升级，推进零碳船舶和自主航行船舶技术开发及应用，增强绿色、智能船舶市场竞争力。三是制定金融、出口、营销、物流等专项政策，支持中小船企和配套企业健康发展，打造大中小企业协同发展的产业格局。

2. 日本聚焦绿色智能发展方向

2020 年 5 月，日本国土交通省发布了《海事产业未来愿景研究》，提出造船业企业间协作、产业数字化发展、实施零排放船项目等六大政策支持措施，以提升海事产业全球竞争力。

在绿色化方面，2020 年 12 月，日本发布"绿色增长战略"，确定到 2050 年实现碳中和目标。为推动船舶产业绿色发展，日本将加大氢燃料电池、电力推进系统、氢或氨燃料发动机以及关键配套系统开发和产业化应用力度，计划在 2025～2030 年开始将零排放船舶投入商用，到 2050 年实现船舶领域氢、氨、液化天然气（LNG）等低碳燃料全覆盖。在智能化方面，日本提出"i-Shipping"计划，将物联网、大数据技术运用到船舶运营和维修中，通过及时反馈信息达到设计、建造、运营和维护一体化的效果，全面提升产品竞争力。

3. 欧洲发挥技术优势引领全球海事发展

欧盟委员会 2019 年底公布《欧洲绿色政纲》，确定了到 2050 年实现区域内温室气体"净零排放"的目标。2020 年，欧盟委员会发布《可持续和智能交通战略》，提出将进一步削减交通运输领域的二氧化碳排放，以实现到 2030 年温室气体排放量至少减少 55% 和 2050 年实现碳中和的总体目标。

英国、德国等相继发布海洋战略。2018 年，德国经济和能源部发布《国家海洋技术总体规划》，聚焦持续提升海洋技术与产业全球竞争力，重点发展海上风能、海洋油气、水下工业技术、深海采矿、特种船舶制造、绿色航运、极地技术等 10 个领域。2019 年，英国发布《海事 2050 战略》，提出要在未来 30 年保持其全球海事产业领导地位，近期重点方向是加大自主船舶试验开发力度，实现全球领先。

三 "十四五"时期中国造船业高质量发展的重点方向

2020 年 10 月，党的十九届五中全会指出，"中国已转向高质量发展阶段"。实现高质量发展是中国造船业"十四五"乃至未来更长一段时期的战略任务。造船业高质量发展是贯彻新发展理念，坚持质量第一、效益优先的发展；是聚焦造船强国建设，以庞大的产业规模、优化的产业结构、良好的质量效益和持续的发展潜力为特征的发展。①

从行业发展特征看，中国造船业已完成产业体系布局、基础设施建设和必要经济规模增长，按照高质量发展要求，处于构建高效多样化的供给体系、加快实现质效跃升的关键时期。"十四五"时期，中国造船业高质量发展要紧紧围绕海洋强国、交通强国、制造强国等国家战略，坚定不移地贯彻新发展理念，以深化供给侧结构性改革为主线，以创新驱动、高质量供给引领和创造新需求，瞄准极地、深海、绿色、智能等前沿领域，布局产业链和创新链，着力提升产业基础高级化和产业链现代化水平，加快建设优质高效的现代船舶工业体系，构建开放融合的双循环发展格局，为发展海洋经济、维护海洋权益提供有力支撑。

（一）坚持创新驱动发展，增强自主创新能力

"十四五"时期，中国造船业要把科技自立自强作为造船业发展的战略支撑，加强基础和前瞻性技术布局，加强关键核心技术攻关，完善科技创新体系，增强科技对高质量发展的支撑和引领作用。

一是围绕极地深海等前沿领域，实施深海空间站、大型邮轮、极地装备、智能船舶、深远海渔业养殖装备等一批具有前瞻性、战略性的重大科技创新专项，以重大科技专项牵引推动核心关键技术攻关。

---

① 制造强国战略研究项目组：《制造强国战略研究·领域卷（一）》，电子工业出版社，2015，第 275 页。

二是加快创新体系和创新平台建设，围绕重大科技创新需求，在智能制造、船用动力等领域建设一批具有国际水平的实验室和工程中心，推进船舶领域认证认可、检验检测、实验验证、公共服务等相关平台建设。

三是开展关键核心技术攻关，推动主流船型全系列升级换代，提升高技术船舶与海洋工程装备研发设计自主化水平；突破船用柴油机、发电机组、综合电力系统、节能减排装置等设计建造关键技术；深入开展海洋开发利用与管控技术、船舶智能化和航运信息化技术研究，提高相关产品技术水平和附加值。

（二）加强产业基础能力建设，提升自主可控水平

"十四五"时期，中国造船业应围绕供应链安全稳定，实施产业基础再造工程，加快补齐基础零部件及元器件、基础软件、基础材料、基础工艺和产业技术基础等短板。

一是依托行业龙头企业，开展低速机、中速机、甲板机械、舱室机械、通导自动化等船舶配套设备关键核心零部件研发，突破船舶工业软件关键技术，围绕极地装备、深海装备、高端装备应用需求，研制一批高端金属新材料和高性能复合材料。

二是突破船舶设计、建造、实验验证等领域基础工艺和基础共性技术，培育一批产业基础研发机构和专业供应商。

三是完善激励和风险补偿机制，推动首台（套）装备、首批次材料、首版次软件示范应用。

（三）增强高端产品供给能力，提升产业链、供应链现代化水平

"十四五"时期，中国造船业要增强高端产品供给能力，以高质量供给引领和创造新需求，以总装牵引配套，提升产业链、供应链现代化水平，打造全产业链竞争优势。

一是加快绿色船型开发。密切跟踪替代燃料和可再生能源应用前沿技术，着力开发综合多类节能技术和清洁能源动力技术的绿色生态环保船型，开展氨/氢燃料动力船舶、液氢运输船舶、燃料电池推动船舶等前瞻性船型研发。开发内河绿色节能环保系列船舶，支撑内河、内湖船舶绿色化改造示范应用。

二是实施智能船舶开发工程。加快新一代信息技术在船舶领域的示范应用和推广，加强智能船舶设计和建造，开展智能船舶系统及设备研发，突破核心关键技术。

三是发展新型海洋科技装备。围绕中国深海极地事业发展需要，加快发展深海油气开发、海上风电、深远海渔业养殖装备、深海矿产开发、海上观光旅游等新型海洋装备，拓展产业发展新空间。

四是打造具有国际影响力的配套自主品牌。加大自主品牌船用柴油机、燃气轮机的研发力度，形成系列化产品谱系；进一步提升压载水处理系统、甲板机械等自主品牌产品国际市场竞争力；围绕大型豪华邮轮发展需求，加快形成本土化邮轮配套供应链。

五是持续推动修船业高端转型。持续提升修理改装技术水平，提高液化天然气船、大型豪华邮轮、半潜式钻井平台等高端产品修理改装业务比重，推进修船业务绿色环保、低耗高效发展。

（四）加快先进制造技术研发与应用，推动造船业优化升级

"十四五"时期，中国造船业要把握新一轮科技革命和产业变革蓬勃发展机遇，深入实施绿色制造和智能制造工程，发展服务型制造新模式，提升精益制造水平，推动船舶制造高端化、绿色化、智能化、精益化。

一是全面推进绿色造船。将绿色理念贯穿船舶制造全产业链和产品全生命周期，加快开展绿色制造体系建设，优化能源管理体系，支持船企开展挥发性有机物（VOCs）、焊接烟尘等专项改造。

二是大力推进智能制造。加快大数据、云计算、人工智能、工业互联网等新一代信息通信技术的应用，加快建设一批智能生产线、智能车间和智能船厂，实现船舶设计、制造、管理和服务等各类系统的互联互通。

三是积极发展服务型制造。支持船厂延伸服务链条，发展个性化定制、全生命周期管理、网络精准营销和在线支持服务等业务，建立和完善全球营销和服务网络，增强船海产品全生命周期服务能力。

四是引导骨干船企提升精益制造水平。围绕全流程、全领域，持续夯实管理基础。强化对标分析，明确精益管理目标，建立精益管理标杆，推广精益管理工具，加快形成敏捷、集约、高效的精益生产模式。

（五）"走出去"与"引进来"并重，打造产业双循环新格局

"十四五"时期，中国造船业要深度参与全球海洋治理，提升全球资源配置能力和国际话语权，同时发挥国内超大规模市场优势，吸引优势企业来华合资合作，打造全面开放新格局。

一是在智能航运、极地航行、海洋环保等重点领域开展国际标准研究与制定，积极向国际海事组织、国际标准化组织、国际船级社协会等提交技术提案，提升中国造船业国际话语权。

二是发挥政府部门、行业组织、高校和科研院所在国际交流中的平台作用，积极参与行业国际性研讨交流，及时掌握国际新技术动态，把握国际市场潜在需求。

三是吸引国际领先船舶设计、总装、配套等企业到中国开展合资合作，促进造船业技术创新和转型升级，鼓励有条件的企业加快"走出去"步伐，支撑"海上丝绸之路""冰上丝绸之路"建设。

（六）应对劳动力不足挑战，探索行业用工新模式

"十四五"时期，中国造船业要按照"政府促进就业、市场调节就业、劳动力自主择业"的原则摆脱"用工难"困局，加强用工统筹管理，调整用工队伍结构，提高用工技能水平，打造稳定、精干、高效的用工队伍，夯实造船业高质量发展的人力资源基础。

一是借鉴日本和韩国的经验，制定实施人力资源引进培养顶层规划和专项激励计划，全行业建立统一高效的人才培训体系，鼓励造船企业与技术院校联合定向培养船舶行业技能人才，满足企业用工需求。

二是推动企业发展模式由劳动密集型向技术密集型转变，引导从业人员从机械重复、低附加值的岗位向技术型岗位转移，不断完善各类人力资源管理制度，优化从业人员就业环境和加强生活保障。

三是重视发挥行业组织在支持造船业发展、提高行业劳动力综合素质方面的关键作用。拓展行业用工渠道，打造国际人才交流平台，有效利用国外人才资源。

Research on the Key Direction of High-quality Development of China's Shipbuilding Industry during the 14th Five-Year Plan Period

Sun Chongbo, Yin Qing, Jin Weichen

(The 714 Research Institute of CSSC, Beijing, 100101, P. R. China)

Abstract: During the 13th Five-Year Plan period, China's shipbuilding industry implemented the decisions and arrangements of the CPC Central Committee and the State Council on promoting supply-side structural reform and building a marine and manufacturing power, comprehensively deepened structural adjustment and accelerated transformation and upgrading development. Facing the external environment such as international market downturn, China's shipbuilding industry scale remained a global leader. The 14th Five-Year Plan period is a strategic opportunity period for China's shipbuilding industry to realize from large to strong. It is urgent to strengthen the ability of scientific and technological innovation, improve the modernization level of industrial chain and supply chain, and promote the high-quality development of the whole industry. Based on this, this paper comprehensively summarizes the achievements and problems of China's shipbuilding industry during the 13th Five-Year Plan period, deeply analyzes the new opportunities and challenges during the 14th Five-Year Plan period, and systematically puts forward the key direction of high-quality development of China's shipbuilding industry.

Keywords: Shipbuilding Scale; Shipbuilding Industry; Shipbuilding Completion; Marine Engineering Equipment; Marine Products

（责任编辑：孙吉亭）

世界主要造船国家产业竞争力评估与分析[*]

谭晓岚[**]

摘　要　第二次世界大战以后，世界造船中心向东北亚转移。从世界造船三大指标来看，中日韩三国每年造船完工量占全球近90%的市场份额；中日韩三国每年新接订单量占全球近85%的市场份额；至2021年底，中日韩三国手持订单量占全球近95%的市场份额。全球主要海洋工程装备建造商集中在新加坡、韩国、美国及欧洲等国家，欧美垄断着海洋工程装备开发、设计、工程总包及关键配套设备供货；韩国和新加坡在总装建造领域快速发展，占据领先地位。在海洋资源勘探开发技术中，海洋油气资源的勘探开发技术是未来海洋工程装备制造业最主要的发展方向。

关键词　海洋工程装备　造船大国　造船能力　产业竞争　新接订单量

---

[*]　本文是2017年国家社会科学基金项目"一带一路背景下中国船舶产业供给侧结构改革研究"（项目编号：17BJY020）、2022年山东社会科学院创新工程重大支撑课题的阶段性研究成果。

[**]　谭晓岚（1977～），男，山东社会科学院山东省海洋经济文化研究院副研究员，主要研究领域为海洋经济、海洋战略与全球化、海洋哲学思想文化。

一 全球船舶制造业发展总体格局

在造船领域,从全球海洋船舶制造业总体运行情况来看,世界船舶制造业正从 2008 年国际金融危机爆发以来的快速萎缩中快速复苏。从世界造船三大指标来看,中日韩三国每年造船完工量占全球近 90% 的市场份额;中日韩三国每年新接订单量占全球近 85% 的市场份额;至 2021 年底,中日韩三国手持订单量占全球近 95% 的市场份额。[①] 在海洋工程装备产业领域,全球呈现"三大阵营"的竞争格局。全球主要海洋工程装备建造商集中在新加坡、韩国、美国及欧洲等国家,其中新加坡和韩国以建造技术较为成熟的中、浅水域平台为主,目前也在向深水高技术平台的研发、建造发展;而美国、欧洲等国家则以研发建造深水、超深水高技术平台装备为核心。按照业务特点和产品种类,海洋工程装备建造商可分为三大阵营。处于第一阵营的公司主要在欧美,它们垄断着海洋工程装备开发、设计、工程总包及关键配套设备供货;第二阵营是韩国和新加坡,它们在总装建造领域快速发展,占据领先地位;中国还处于制造低端产品的第三阵营。在众多的海洋资源勘探开发技术中,海洋油气资源的勘探开发技术最为成熟,其装备种类多、数量规模大,是未来 5~10 年海洋工程装备制造业最主要的产品方向。钻井平台、生产平台和辅助船构成了海洋油气开发装备的主要部分。

二 全球海洋动力运输船舶重点产业 及产业链市场运行情况[*]

(一)船舶设计产业

由于远离造船中心以及人力资源匮乏、昂贵,欧洲原本领先的船舶

---

① 《从新三大造船指标看中日韩造船发展态势》,国际船舶网,http://www.eworld-ship.com/html/2018/ship_market_observation_0118/135729.html,最后访问日期:2022 年 2 月 13 日。

* 王丹:《船舶与海洋工程的产业链及代表企业分析》,MBA 智库文档,https://doc.mbalib.com/view/07f1872e57ce0807495775f1e4925afb.html,最后访问日期:2018 年 6 月 18 日。

设计业务日渐萎缩，除了在豪华游船、客滚船设计建造等欧洲传统的高技术、高附加值垄断领域依然保持强势地位外，在造船市场近九成的干散货船、油船、集装箱船等设计领域的地位正在下滑。目前，以欧洲为主的国外设计公司在中国主要从事为欧洲船东提供前期咨询设计服务（概念设计、合同设计），而造船合同签订后的设计服务、详细设计和生产设计则多由船舶与海洋工程装备制造企业、当地船舶设计公司承担。因此，国外船舶设计公司对日益强大的中国造船市场的影响力正在逐渐减弱。目前代表性的国外船舶设计公司主要有：拥有 90 年设计经验的挪威乌斯坦集团（Ulstein Group）、芬兰的瓦锡兰集团（Wartsila Corporation）、位于德国汉堡的 SCD 有限公司（SDC Ship Design & Consult GmbH）。国内的船舶设计公司有中船重工船舶设计研究中心有限公司、上海船舶研究设计院等。目前国内船舶设计的公司数量不少，但大多规模较小，经验不足，承担特大型船舶和高附加值船舶的设计能力有限。

（二）船舶制造产业

中国已经超过了韩国和日本，成为世界最大的造船国，虽然实现了规模最大，但尚未达到造船竞争力最强。欧洲曾是高附加值船舶设计建造的领跑者，目前仍然垄断了豪华游船、占领了其他高附加值船舶技术设计的制高点。日本模仿欧洲高附加值船舶走"空心化"路线，出售高附加值船舶技术成为高附加值船舶产业的核心。但与欧洲高附加值产业不同，日本着力发展与本国经济相关的高附加值船舶产业。目前，汽车运输船主要在日本建造，使得汽车运输船制造呈现垄断态势。在高附加值船舶产业上，欧洲国家属于原创，日本致力于突破，而韩国则更重视优化。中国船企在高附加值船舶产业上还处于起步阶段，面对韩国船企垄断高附加值市场的局面，要坚持错位竞争。中国船企已将液化天然气船（LNG）[1] 的核心部件国产化作为努力的方向。液化天然气船舶建造几乎全部集中在亚洲国家，其中绝大部分被韩国船企垄断，日本和中国所占市场份额较少。

---

[1]　LNG 船为一种特殊的高技术海洋运输船舶，也称液化天然气船，是目前国际公认的"三高"产品，该船舶是在零下 163 摄氏度低温运输液化气的专用船舶，是一种"海上超级冷库"，被喻为世界造船业"皇冠上的明珠"，目前全球只有美国、中国、日本、韩国和欧洲少数几个国家或地区共 13 家造船厂能够建造。

超大型集装箱船舶的建造具有高度垄断性。韩国的建造量超过了世界总量的80%，是该船型建造市场的绝对垄断者。近年来，化学品船船队在世界船队总数中的比例一直在增加。在建造市场上，3万载重吨级以下的化学品船订单大部分由亚洲船舶与海洋工程装备制造企业承接，尤其以日本、韩国、中国、土耳其居多。近年来，游船旅游保持着8%~9%的增长，豪华游船则保持着10%的增长速度，并且有加速增长的势头。欧洲船舶与海洋工程装备制造企业占据了全球近90%的豪华游船市场份额。世界上汽车运输船建造企业主要集中在日本和韩国。在世界600余艘汽车运输船中，日本船舶与海洋工程装备制造企业建造了其中的379艘，韩国船舶与海洋工程装备制造企业建造了74艘，两者占全球市场的份额为75.5%。由此可见，按国家分，该船型建造呈绝对的垄断态势。

（三）船舶配套产业

欧洲是现代航运业和现代船舶与海洋装备制造业的发祥地。自20世纪70年代以来，日本取代欧洲国家成为世界造船大国。自80年代以来，韩国的造船工业取得突飞猛进的发展，目前已达到甚至超过日本的造船工业水平，这与其大力发展船舶配套产业是密不可分的。中国船舶配套产业在20世纪80年代曾经得到较大发展，然而90年代以后受"重造船、轻配套"思想的影响，对船舶配套产业发展关注不足，这成为船舶与海洋工程装备制造业发展的瓶颈。

国外船舶配套领域的代表性产品有德国曼恩（MAN）和瑞士苏尔寿（SULZE）船用低速柴油机，芬兰瓦锡兰和德国马克（MAK）中高速柴油机，英国台卡（DECCA）雷达，德国安修斯电罗经，丹麦的收、发报机，欧堡锅炉以及其他甲板机械、舱室机械等。中国则由大连、天津、上海等公司进行配套工程设计及设备安装等。

三　全球造船大国或地区产业竞争力评估与分析

从全球船舶制造业发展总体格局来看，中日韩和欧盟无疑是当今海洋船舶制造业集聚的主要国家和地区，本文从三国一地区的产业结构、产业行为、产业绩效以及企业创新成果四个方面对其产业竞争力进行评估分析。

（一）韩国造船产业组织竞争力

1. 产业结构

（1）产业集中度

韩国三大造船巨头三星重工、大宇造船、现代重工以及其他几个有影响力的造船厂如韩进重工、STX 造船和城东造船，占据了韩国 95% 的造船产能，产业集中度高，属于极高寡占型产业。按补偿总吨（CGT）计，2018 年初现代重工、大宇造船、三星重工的手持订单量分别占韩国船厂手持订单量的 42.6%、32.6%、18.5%（见图 1）。现代重工在越南的现代越南船厂亦接获了 86 万补偿总吨的新船订单，加上此订单现代重工占韩国船厂手持订单的 46.0%。①

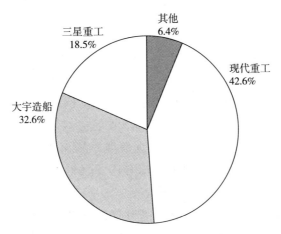

图 1　2018 年初韩国造船企业的手持订单量分布（按补偿总吨计）

资料来源：笔者根据 IHS 数据库（IHS Sea-Web）数据资料收集整理自绘。

（2）产品差异度

韩国造船业的主力船种为数量庞大的大型油船和集装箱船；拥有国际竞争力的液化天然气船（LNG）、浮式生产储油卸油装置（FPSO）和浮式储存及再气化装置（FSRU）；浮式海洋废弃物处理厂、海上机场等海上空间设备；超高速、超大型船舶（见表 1）。特点是高附加值船舶比例高；航海、通信、电子等高附加值配套产品仍严重依赖日本和欧洲企业。

---

① 谭松、王熙：《从手持订单看全球重点造船集团竞争格局》，《中国船检》2018 年第 5 期。

表 1　韩国三大造船厂的主要产品

造船厂	主要产品
现代重工	大型散货船、油船、集装箱船、海洋石油、天然气钻探设备等，尤其擅长建造液化天然气船
大宇造船	大型油船、集装箱船、散货船、液化石油气船（LPG）及液化天然气船、浮式生产储油卸油装置等，近海或深海平台、各种海洋工程装备设施以及潜水艇、驱逐舰等特殊船舶等
三星重工	液化天然气船、钻井船、液化天然气船－浮式生产储油卸油装置、海洋勘探船等

资料来源：笔者根据 IHS 数据库（IHS Sea-Web）数据资料收集整理自绘。

（3）产业规模

根据英国克拉克森研究公司统计，韩国在 20 世纪 80 年代末 90 年代初造船交付量超过日本，成为全球第一造船大国，造船完工量超过 5000 万载重吨，占全球造船市场的份额超过 40%。到 90 年代中期，韩国造船规模出现微小回落。进入 21 世纪以来，韩国造船规模再次出现快速增长趋势，直至 2012 年中国造船完工量首次超过韩国，到 2017 年，韩国已连续六年造船年订单量位居第二，排在中国之后。但 2020 年，韩国船厂接单量达到 187 艘，合计 819 万补偿总吨，以吨位计算占全球市场的份额为 43%，领先中国，居全球首位。[①]

2. 产业行为

（1）政府扶持行为

韩国政府对韩国船舶行业的支持力度非常大，以"造船立国"的韩国政府，为推动三大造船集团大范围重整、增强造船业和海运业竞争力、促进船厂向服务市场转型、支援船厂大力发展绿色智能化船舶等高附加值船舶等，出台各种方案并投入大量资金。

（2）企业经营行为

并购重组：韩国现代重工、三星重工等主要船厂进行了多次并购重组，发展成为世界范围内的造船巨头。2019 年初，韩国现代重工与韩国产业银行达成初步协议，将收购大宇造船大部分股权。对外合作：与俄罗斯、沙特阿拉伯等船厂和石油公司合作；收购海外船厂。绿色船舶：

---

① 《韩国造船业提前锁定今年订单排名第一》，国际船舶网，http://www.eworldship. com/html/2018/ShipbuildingAbroad_1213/145421.html，最后访问日期：2018 年 12 月 13 日。

加大在液化天然气燃料动力船、污染气体减排设备、船舶压载水处理装备和无压载水船舶以及智能化船厂建设等方面的投资。价格竞争：利用其品牌优势，通过低价抢单和合作等方式逐步垄断了高端造船市场（液化天然气船、超大型油轮船等）。

（3）企业研发行为

韩国造船业从 20 世纪 80~90 年代开始崛起，经过 10 余年的发展，到 2000 年初，韩国船厂已具备精益生产、大型总段建造、高附加值船舶设计建造以及绿色船舶和相关技术的自主研发能力。各企业每年的研发经费投入约占营业额的 1%。

3. 产业绩效

2015 年，韩国造船完工量 2966 万载重吨，占全球市场的份额近 24%；2016 年造船完工量 3692 万载重吨，占全球市场的份额近 29%；2017 年造船完工量 3227 万载重吨，占全球市场的份额近 25%。2018 年全球共 76 艘液化天然气船订单，其中韩国得 66 艘、中国得 5 艘、新加坡得 4 艘、日本仅得 1 艘。这样，2018 年韩国就获得了全球 76 艘液化天然气船订单总量的 86.8%、中国为 6.6%、新加坡为 5.3%、日本为 1.3%。如果仔细看各国的液化天然气船订单，更惊讶和可怕的是：2018 年全球 17 万立方米的超大型液化天然气船订单全部被韩国造船厂接获，共计 65 艘。

在经济效益方面，韩国船厂在过去几年经历了亏损局面，例如现代重工 2015 年净利润亏损 13632 亿韩元（约 12 亿美元），不过其在 2016~2017 年已扭亏为盈，2017 年的净利润收益率达到 17%（见表 2）。2017 年现代重工蔚山造船厂员工有 21300 人，其中造船部门 8800 人。

表 2　现代重工 2015~2017 年的经济效益

单位：百万韩元

年份	2015	2016	2017
销售额	27488602	22300438	15468836
净利润	-1363223	656668	2703291

资料来源：笔者根据 IHS 数据库（IHS Sea-Web）数据资料收集整理自绘。

4. 企业创新成果

韩国船厂的自主发展之路也是从弱到尝试自主再到强大：首先引进国外图纸，然后在生产中摸索，逐渐形成自主研发能力，同时引进成套生产设备，并且组装生产进口核心部件。与中国一样，当时的韩国亦充分利用低成本劳动力，建造出口船舶。以现代重工为例，生产的连续性差，各流程操作分散，整体控制力薄弱。之后，现代重工持续提高自主基础设计能力，创新自主生产发动机及核心机电设备，并且推动产业一体化发展。从船舶产业的发展趋势来看，造船技术向高度的机械自动、集成模块化、数据智能化方向发展，韩国船厂在不断学习日本等国先进经验的同时，加快开发和应用新的生产技术。随着建造经验与业绩的提升，韩国造船业开始尝试在船舶技术和效率方面的提升。例如独创性地开发出不用船坞造船的技术，利用"浮动船坞"造船技术使产量实现每年两位数的增长。韩国船厂创造性地研制了世界钻井船、液化天然气船－浮式生产储油卸油装置等高端装备。

（1）现代重工

2013 年，现代重工开发了一系列未来增长潜力巨大的船舶产品，例如智能船舶（2.0 版）、节能和高效船舶、液化天然气船－浮式生产储油卸油装置模块、岸基模块液化天然气储存罐、环保型发动机、环保型断路器、高效的太阳能电池、能效和环保建筑设备等。

现代重工为重点塑造旗舰产品的竞争力，2016 年投资了 1.7 亿美元开展新产品研发，研发投资重点为：液化天然气船气体管理系统开发，并成功应用，该系统完全实现了液化天然气船在航行过程中蒸发气的再液化；新的气体绝缘开关（GIS）模型研发，新模型的成本减少 11.6%；高阻燃绝缘材料的开发以及电气设备的保护装置开发。

（2）三星重工

三星重工一直以其创造的多个世界第一为荣，成立 40 多年来，在钻井船、液化天然气船和浮式生产储油卸油装置等高技术和高附加值船舶市场取得了世界第一份额，并且开发了世界首艘北极穿梭油船和液化天然气船－浮式生产储油卸油装置，推出新型天然气运输和储存装置（LNG－FSRU）、北极破冰型集装箱船等创新产品。在研发创新方面，三星重工坚持关注降成本的技术应用，开发促进业务发展的技术。专注于确保高水平的工程化技能，改善基于 3D 模型的设计效率，差异化液化天然气船相关加工技术，开发绿色船舶，开发智能船舶和智能船厂。主要从三个方面推进研发创新：第一，旗舰产品技术的差异化，包括自主开发乙二醇再气化包，为液化天然气船动力船舶开发供气系统、交付安装了韩国自主研发的液化天然气船货物围护系统的液化天然气船，在油船上应用导管式节能装置；第二，拓展创新技术的应用，包括开发海洋管道自动分析系统，开发基于 3D 扫描围护功能测试和绑扎仿真系统，推动数字化专项；第三，技术的商业化，包括自主开发动力定位系统、功率管理系统、硬件在环仿真。

（二）日本造船产业组织竞争力

1. 产业结构

（1）产业集中度

日本 IHI 联合造船公司、川崎重工、万国造船公司、三井造船公司 4 家造船厂的造船能力和产量占日本舰船工业的 50% 以上。从手持订单量看，按补偿总吨计，2018 年初日本 4 家造船集团公司今治造船、日本造船联合、大岛造船、常石造船手持订单量分别占当年日本国内船厂的 31.8%（516 万补偿总吨）、15.2%（247 万补偿总吨）、7.2%（116 万补偿总吨）以及 3.4%（56 万补偿总吨）（见图 2），其中常石造船除在日本国内拥有造船厂外，还在菲律宾、中国设有各 1 家造船企业，2018 年分别拥有订单 70 万补偿总吨、51 万补偿总吨，合计占日本手持订单量的 12.1%。①船厂强强联合，大型船型进一步增强建造能力，根据市场份额统计，日本船舶产业属于中集中寡占型。

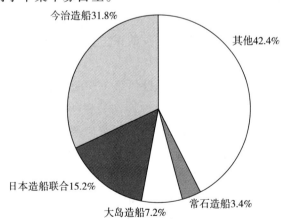

图 2　2018 年初日本国内船厂手持订单量分布（按补偿总吨计）
资料来源：笔者根据各船厂网站公布数据收集整理自绘。

---

① 谭松、王熙：《从手持订单看全球重点造船集团竞争格局》，《中国船检》2018 年第 5 期。

（2）产品差异度

日本造船厂建造的船舶包括汽车运输船、豪华邮轮、客船、干散货船、油船、液化天然气船在内的几乎所有品类船舶（见表3），其用户遍布世界。

表3　日本主要船舶公司的产品类别

船舶公司	主要产品
三菱重工	民用船舶：豪华邮轮、渡船、液化天然气船、液化石油气船、油船、集装箱船、滚装船、汽车滚装船（PCTC）、纯汽车运输船、调查船、乏燃料运输船、渔业巡逻船、公务船
	海工装备：勘探船、铺缆船、钻井船、资源调查船、储油驳船、浮式生产储油卸油装置、大型钢质结构
	维修改装服务：干船坞、系泊装置、液化天然气船、驳船、桨轴替换、损坏维修
	系统：二氧化硫洗涤装置，深潜器，水下装置，涡轮增压器，锅炉和透平，减摇鳍，操舵装置，螺旋桨，起重机，甲板机械，高速机，燃料供气系统，液化天然气船动力船舶
	IT系统：计算机网络系统，设计和生产支持系统
今治造船	散货船、集装箱船、油船、木屑运输船、特种船、汽车渡船、纯汽车运输船
日本造船联合	民船：集装箱船、油船、散货船、液化天然气船、液化石油气船、汽车运输船、特种船、科考船
	海工：浮式生产储油卸油装置、液化天然气船 - 浮式生产储油卸油装置、生产与测试系统、半潜式钻井平台、自升式钻井平台、海上储备基地
	系统：减摇舱、节能设备
	船舶维修：压载水处理系统改装，全寿命保障

资料来源：笔者根据IHS数据库（IHS Sea-Web）数据资料收集整理自绘。

（3）产业规模

二战期间，考虑到战后在亚洲的战略布局需要，美国在对日本进行大轰炸时，对日本造船基地做了战略性的保护，因此战后日本造船工业得到迅速的恢复。20世纪70～80年代是日本造船业发展的黄金时期，其造船完工量几乎占全球的60%以上。90年代以来，随着中韩造船业的迅速崛起，日本造船完工量虽然也出现大幅度的增加，但是其全球市场份额大幅下降。2017年，日本造船交付量占全球市场的份额仅为21%（见图3）。

2. 产业行为

（1）政府扶持行为

OECD（经合组织）对日本造船业的支持政策主要集中在研发支持、

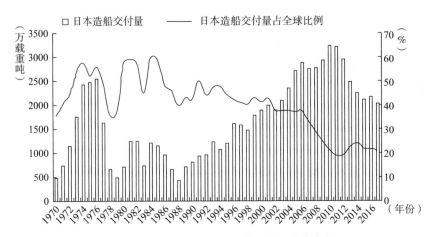

图 3　1970～2017 年日本造船交付量统计

资料来源：谭松、王熙《从手持订单看全球重点造船集团竞争格局》，《中国船
检》2018 年第 5 期。

出口信贷、本土信贷、出口信用保险四个领域。日本政府对造船业在环
保、水下潜器、物联网、人工智能等方面也都提供了资金支持。

（2）企业经营行为

日本船厂主要采取重组、联合、退出、调整产品结构等策略应对市
场危机，这是源于对造船业周期发展规律的深刻认识。日本船厂的主要
经营行为有：剥离造船业务，提升赢利能力；拓展中国地区业务，转移
造船产能；推动并购，提升研制能力。

（3）企业研发行为

日本造船业注重节能环保型船、高速船、信息化技术和智能化发展
方面的研发，各企业研发经费投入约占营业额的 5%。

3. 产业绩效

2018 年，日本造船厂全年累计成交新船订单 1151 万载重吨（DWT），
占全球成交总量的 15%；全年新船完工量为 2006 万载重吨（DWT），约占
全球完工量的 25%。① 截至 2018 年底，日本船厂手持订单量为 4421 万载
重吨（DWT），同比减少 19%，占全球的份额下降至 21%（见表 4）。

---

① 《日本造船业：订单持续下滑谋求突围》，国际船舶网，http://www.eworldship.
com/html/2019/ShipbuildingAbroad_0203/146754.html，最后访问日期：2019 年 2
月 3 日。

表 4　2017 年和 2018 年日本三大造船指标

指标		2018 年	份额（%）	2017 年	份额（%）
新接订单量	万 DWT	1151	15	1094	12
	万 CGT	360	13	300	11
造船完工量	万 DWT	2006	25	2050	21
	万 CGT	753	25	682	20
手持订单量	万 DWT	4421	21	5427	25
	万 CGT	1365	17	1812	21

资料来源：笔者根据 IHS 数据库（IHS Sea-Web）数据资料收集整理自绘。

4. 企业创新成果

日本核心船厂在其核心造船产品领域强化新船型设计。①三井造船研发并推出"neo 系列"节能环保散货船①。②常石造船推进符合目标型船舶建造标准以及国际海事组织 Tier Ⅲ 等国际规范的新船型研发，到2021 年底已经完成 Kamsarmax 型、TESS64 型、TESS99 型散货船以及 LR型成品油船设计②。③日本造船联合成功研发了符合 HCSR、Tier Ⅲ③等规范的品牌商船，新船型开发覆盖了各种油船、散货船舶等。日本邮船和日本造船联合在概念船舶设计上实现了大的突破，到 2021 年底推出 20万吨液化天然气船动力散货船概念设计，该新设计船舶可使其能效设计指数降低 40%。④川崎重工拥有成熟的液化天然气船相关产品技术优势，正在研发液化天然气船发电船，新船装机容量为 3 万～16 万千瓦级，电力需求日益增长的东南亚国家是其目标客户。川崎重工推出用方形液舱围护系统代替圆形液舱围护系统的新型 Moss 型液舱围护系统，就是这一改变能够让液舱围护系统在体积不变的条件下，船舶装载量增加15%。⑤三菱重工计划利用其在豪华邮轮建造方面的丰富经验，在国际大型客滚船、客渡船和滚装船市场上获得更多的新船订单，同时也计划在气体燃料动力船舶领域寻求更多的市场机遇。⑥大岛造船与日本邮船将合作设计和建造液化天然气船动力超巴拿马型散货船，由于引入物联网技术，船舶安全性和燃料效率都得到提高。⑦名村造船推出更加节能

---

① 由日本三井造船公司开发的一种环保型船型。

② Kamsarmax 型、TESS64 型、TESS99 型、LR 型是 4 种国际船型代码。

③ HCSR、Tier Ⅲ 为国际海事组织船舶规范代码。

的灵便型散货船以满足船东新需求。

（三）欧洲造船产业组织竞争力

1. 产业结构

（1）产业集中度

在欧洲的造船国家当中，建造高附加值船舶的主要国家有德国、意大利、法国、挪威、西班牙等，特别是意大利建造量几乎 100% 接近或属于高附加值船舶。德国、法国、芬兰以及意大利等国基本上占据了全世界绝大多数豪华邮轮建造市场份额。从德国迈尔海王星集团收购了芬兰的图尔库船厂，意大利的芬坎蒂尼集团收购了大西洋船厂以后，欧洲邮轮建造市场竞争格局实现了从"四强争夺"向"两强争霸"的转变，邮轮建造市场得到进一步集中，产业集中度高，属于极高寡占型产业。以补偿总吨计算，2018 年初意大利芬坎蒂尼集团手持订单占比为 45.5%，德国迈尔海王星集团手持订单占比为 27.0%（见图 4）。

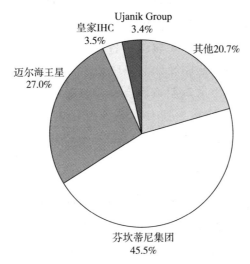

图 4　2018 年初欧洲手持订单的集团分布（按补偿总吨计）

资料来源：谭松、王熙《从手持订单看全球重点造船集团竞争格局》，《中国船检》2018 年第 5 期。

（2）产品差异度

近年来，豪华邮轮订单的火爆重新提升了整个欧洲的造船业温度。欧洲两大造船巨头意大利芬坎蒂尼集团和德国迈尔海王星集团差异化的产品代表了欧洲核心造船厂的主要特点（见表 5）。

表5 欧洲主要船厂的主要产品

企业	主要产品
芬坎蒂尼集团	现代级到奢侈级的所有等级邮轮、海工船、客船/客滚船
迈尔海王星集团	邮轮、客船/客滚船
达门集团	拖船、工作船、海军巡逻船、高速船、散货船、挖泥船、近海工业用船、渡船、浮船和游艇

（3）产业规模

欧洲是现代造船发源地，早在19世纪便统治了世界造船乃至航运业。但随着亚洲尤其是东亚的崛起，欧洲大陆不只是丢失了海运贸易量的市场份额，造船业也跟着一同衰落。欧洲已从当初的船舶净出口地区转变为现在的船舶进口地区，20世纪70~80年代，欧洲造船完工量占全球的比例在20%~35%，到2016年基本保持在5%以下（见图5）。

图5 1980~2018年欧洲船队及造船完工量占全球份额

资料来源：张铖、魏永《船舶制造业系列报告一：回溯历史，漫谈造船周期》，新浪财经网，http://vip.stock.finance.sina.com.cn，最后访问日期：2018年12月20日。

2. 产业行为

（1）政府扶持行为

近年来，尽管欧洲三大造船指标全面下滑，但其仍在世界船舶工业中处于领先地位。欧洲造船业的成功在于其始终将技术引领作为其发展战略，注重和鼓励研发，各个国家均针对本国出台了一系列研发鼓励政策。国家的鼓励政策使得欧洲在产品设计、技术集成、核心配套装备、品牌运营等领域始终保持世界先进水平和主导地位。

（2）企业经营行为

欧洲船厂的经营行为主要集中在豪华邮轮和船用配套领域。在邮轮建造领域，各种兼并重组进一步整合了欧洲内部的资源，巩固了欧洲船厂在全球邮轮建造市场的长久优势。在产品多元化方面，部分大中型船厂对意大利和德国船厂在豪华邮轮上的丰收格外关注，例如欧洲一些海工造船厂在新接订单减少时，利用自己在核心市场的专业知识和经验，进入其他领域比如兴旺的邮轮行业。

（3）企业研发行为

无论是在能源平衡还是在减小环境影响方面，欧洲主要企业的研发行为涉及开发创新解决方案和系统，以优化船上操作和提高邮轮效率，以及创新系统以提升某些类型的海军舰艇技术能力。其研发投入约占营业额的 5.9%。

3. 产业绩效

在全球造船业面临严峻形势下，凭借在邮轮市场的绝对竞争优势，芬坎蒂尼集团成为全球造船业最有钱的"隐形冠军"（见表 6），近 10 年在全球邮轮建造市场的订单份额中，芬坎蒂尼集团接获了近 50% 的订单。

表 6　芬坎蒂尼集团的主要经营业绩

年份	2016	2017	2018
销售额（百万欧元）	4429	5020	5474
净利润（百万欧元）	60	91	108
造船交付量（艘）	26	25	35

资料来源：笔者根据 IHS 数据库（IHS Sea-Web）数据资料收集整理自绘。

4. 企业创新成果

作为欧洲造船业领头羊，芬坎蒂尼集团十分重视创新的作用，通过意大利船舶工业协会和法国船舶工业协会开展民船和军船技术创新，旨在打造四大支柱，即提高船舶能效（绿色船舶）、数字化（智能船舶和自主船舶）、高效安全和持续生产设施与工艺（智能船厂）、创新蓝色经济增长（智能海上基础设施）。该集团正在从国家层面例如"意大利运输 2020"和"意大利蓝色增长"等国家技术产业集群以及从欧盟层面例如"水上技术平台"和"海事应用研发协会"等方面推进相关创新（见表 7）。芬坎蒂尼集团从三个方面推动研发。第一，开发应用于订单的技术和创新，包括在船舶设计过程中的技术解决方案、材料和创新系统。第二，商用创新，特定设计可能与订单无直接关联，主要是满足客户需求，例如节能和降低成本，提高载荷；对舰船而言包括提高质量和保障安全性。第三，长期创新，为进入新领域开发技术。

表 7　芬坎蒂尼集团的外部主要创新平台

	主要项目/平台
意大利国家技术集群	意大利运输2020：水面运输工业的创新研究，主要包括自动驾驶等
	意大利蓝色增长
意大利区域性的技术园区	弗留利－威尼斯－朱利亚海事技术集群
	利古里亚船舶技术园区：关注舰船和休闲船舶、防务系统、船舶监测和安全
	利古里亚综合智能系统技术园区：开发用于自动生产和物流的虚拟现实、仿真和支持工具
	有机物、复合材料和工程结构园区：航空、海事、汽车、生物医疗、有机电子、建筑等创新型材料开发
	西西里岛海上运输技术园区：船舶维修和改装技能提高
挪威科技大学、工业和技术研究基金	智能船舶创新研究中心
	运动创新研究中心：改善海上运营，开发IT知识、方法和工具
欧洲	欧洲水上技术平台
	欧洲海事应用研发协会
	联合研究船舶联盟
	欧洲委员会燃料电池和氢能联合研究创新项目
美国	美国政府国有造船研究项目

资料来源：笔者根据 IHS 数据库（IHS Sea-Web）数据资料收集整理自绘。

　　芬坎蒂尼集团依靠自有资源运行超过 90 个研发项目，并且从国际、国家和地区层面开展创新项目，重点从四大支柱方向开展创新研发，着重推动 2030 年愿景建设。这些项目都被纳入芬坎蒂尼集团 2018～2022 年可持续发展规划中（见表8）。

表 8　芬坎蒂尼集团正在开展的主要创新研发项目

研发方向	主要研发项目
绿色船舶	高能效项目、船上垃圾与能源平台、创新发电项目、低环境影响技术项目、能效衡准和船舶电力平衡优化项目、可持续船舶设计项目、新一代减摇鳍

研发方向	主要研发项目
智能船舶和自主船舶	电子客舱、电子导航、安保平台、欧洲海事感知开放协作项目、综合驾驶室项目、网络项目
智能船厂	可持续和能效船舶的先进材料方案的实现与演示、海军沉浸式设计评估、豪华邮轮居住舱室大模块和一体化结构项目、船舶智能生产的数据处理模型、仿真负责船舶操作的虚拟海上试验
智能海上基础设施	模块化生产平台、深海采矿

资料来源：笔者根据 IHS 数据库（IHS Sea-Web）数据资料收集整理自绘。

（四）中国造船产业组织竞争力

1. 产业结构

（1）产业集中度

根据中国船舶工业行业协会公布的数据，2021 年全球造船业三大指标中国都位居第一，2021 年中国有 6 家船舶企业造船完工量、新接订单量和手持订单量进入全球前 10 强，中国船舶集团三大造船指标首次全面超越韩国现代重工，成为全球最大的造船集团，全年完工交付船舶 206 艘，占全球市场的份额为 20.2%；全年新接订单金额 1301.5 亿元，创下 13 年来最高纪录，目前产业发展属于中集中寡占型。[①]

（2）产业规模

改革开放后的中国经济飞速发展，进入 21 世纪以来，中国迅速成长为全球第二大经济体。中国一时间成为世界贸易的中心，全球前十吞吐量的港口有半数以上在中国。中国造船市场份额从 20 世纪末的 10%一直提高到 2017 年的 40%。[②] 中国已经成为名副其实的世界造船大国，从多年来《中国船舶工业年鉴》统计数据来看，中国三大造船指标多年来领先日本，造船完工量和手持订单量以吨位计连续超过韩国。据英国克拉克森研究公司统计，截至 2021 年底，中国造船完工量、新接订单量、手持订单量继续保持全球第一，中国船舶企业占世界总量的半壁江山。

---

① 《中国船舶工业行业协会：6 家中国造船企业进世界 10 强》，新浪财经网，ht-tps://finance.sina.com.cn/jjxw/2022 - 01 - 16/doc-ikyamrmz5518043.shtml，最后访问日期：2022 年 1 月 16 日。

② 谭松、王熙：《从手持订单看全球重点造船集团竞争格局》，《中国船检》2018 年第 5 期。

2. 产业行为

（1）政府扶持行为

进入 21 世纪以来，针对中国船舶工业的发展，国家相关主管部门相继出台了一系列船舶振兴计划及船舶产业发展扶持政策，政策覆盖了人才技术、财税金融、产品及行业规范、市场引导及产业结构调整等多个领域。[①]

（2）企业经营行为

为了增强中国造船企业的国际竞争实力，适应目前复杂的全球造船市场环境，国内大型造船企业和船舶配套设备制造企业采取兼并、重组等手段增强自身竞争力和抗市场风险能力。合资也成为中国进入高端造船市场的重要方式。在经营接单策略方面，一方面，中国企业仍然依赖低首付和低价格来赢取订单；另一方面，中国采取专业化造船模式，不断提高船舶质量，全面提升四大主力船型的接单能力。

3. 企业创新成果

随着经济危机对中国造船业的不利影响日益凸显，国内船舶企业也加大了在技术和新产品开发上的投资力度。2021 年，中国骨干船舶企业紧跟市场需求，产品结构持续优化，绿色环保型矿砂船和支线集装箱船订单承接出现批量化，超大型液化气船、大型半潜重吊船、大型液化天然气加注船、大型豪华客滚船和汽滚船、极地探险邮轮等高技术、高附加值产品市场不断取得新的进展。

Evaluation and Analysis of the Industrial Competitiveness of the Main Shipbuilding Countries in the World

Tan Xiaolan

(Shandong Institute of Marine Economy and Culture,
Shandong Academy of Social Sciences, Qingdao, Shandong, 266071,
P. R. China)

Abstract: The shift of the World Shipbuilding Center to Northeast Asia

---

① 谭晓岚：《中国船舶工业战略转型研究》，人民出版社，2020，第 180～215 页。

after the Second World War. China, Japan and South Korea account for nearly 90% of the world's shipbuilding industry, 85% of the world's new orders, and the bottom of the 2021, china, Japan and South Korea account for nearly 95 per cent of the global market for handheld orders. The world's major offshore engineering equipment manufacturers are concentrated in Singapore, South Korea, the United States and other European countries, Europe and the United States, monopolizing the supply of offshore engineering equipment development, design, engineering general contracting and key supporting equipment, south Korea and Singapore are leading the way in final assembly construction. In the marine resources exploration and development technology, the Marine Oil and gas resources exploration and development technology is the future marine engineering equipment manufacturing industry the most important product direction.

Keywords: Ocean Engineering Equipment; A Big Shipbuilding Country; Shipbuilding Capacity; Industry Competition; New Orders Received

（责任编辑：孙吉亭）

构建山东省沿海地区高质量养老服务
体系推动健康产业发展研究

董争辉 *

摘　要　当前老年人需求结构正在从生存型向服务多样型转变，建立和完善养老服务体系的重要性日益凸显，紧迫性越发加强。本文论述了构建高质量养老服务体系对健康产业发展的作用，对养老服务体系研究的部分观点进行综述，进一步分析山东省构建高质量养老服务体系的有利条件，剖析山东省沿海地区养老服务体系建设面临的一些挑战，并提出保障低收入老年人的基本需求、建立经济困难老年人养老服务需求评估制度、用"数字化""智慧化"完善居家养老服务体系、充分利用海洋资源、注重培养合格的养老服务人才、树立尊重养老从业人员的风气等构建高质量养老服务体系推动健康产业发展的对策。

关键词　人口老龄化　养老服务体系　海洋资源　居家养老　养老服务人才

　　人口老龄化是"人类文明进步的重要体现"①，追求健康是人们重要的生活需求。当前老年人需求结构正在从生存型向服务多样型转变，建

　＊　董争辉（1963～），女，青岛阜外心血管病医院副主任医师，主要研究领域为医学、健康学。
　①　《推进老龄事业发展，健全养老服务体系》，"社村通智慧养老"百家号，https://baijiahao. baidu. com/s？id＝1727447643012336852&wfr＝spider&for＝pc，最后访问日期：2022年3月29日。

立和完善养老服务体系的重要性日益凸显，紧迫性越发加强。它对养老事业和健康产业的发展有着重要的意义。

一 构建高质量养老服务体系对健康产业发展的作用

（一）促进了健康产业高质量发展

党的十八届五中全会在《中共中央关于制定国民经济和社会发展第十三个五年规划的建议》中明确提出了"推进健康中国建设"[1] 的宏伟目标。联合国用 3 个指标来衡量人类发展指数，健康和人均预期寿命排在第一位。[2] "在联合国千年发展目标的 8 个具体项目中，有 3 个是关于人的健康的。"[3] 因此，对于健康的追求，是全人类共同的目标。

健康之路不能一蹴而就，需要踏踏实实地做好每一步工作。构建高质量养老服务体系是发展健康产业的重要内容，是健康产业发展的重要基石之一。养老服务体系中所涉及的各项工作和各个环节，都是健康产业发展中不可或缺的，换言之，这也是优化健康环境的重要工作。

（二）加强了健康产业与其他产业在相关领域的融合

养老服务体系涉及"养老与文化、教育、家政、医疗、商业、金融、保险、旅游等行业"[4]，在构建养老服务体系过程中充分发挥市场的资源

---

[1] 《中共中央关于制定国民经济和社会发展第十三个五年规划的建议》，中国政府网，http://www.gov.cn/xinwen/2015 – 11/03/content_5004093.htm，最后访问日期：2022 年 3 月 29 日。

[2] 张来明：《大力发展健康产业，促进健康中国建设》，中国政府网，http://www.gov.cn/guowuyuan/vom/2016 – 01/26/content_5036315.htm，最后访问日期：2022 年 3 月 29 日。

[3] 张来明：《大力发展健康产业，促进健康中国建设》，中国政府网，http://www.gov.cn/guowuyuan/vom/2016 – 01/26/content_5036315.htm，最后访问日期：2022 年 3 月 29 日。

[4] 《山东省人民政府办公厅关于印发山东省"十四五"养老服务体系规划的通知》（鲁政办字〔2021〕86 号），山东省人民政府网，http://www.shandong.gov.cn/art/2021/9/18/art_100623 _39146.html？from = singlemessage，最后访问日期：2022 年 3 月 30 日。

配置作用，使所涉及的产业更好地融合在一起，延长了产业链条，更加激发了健康产业的发展活力。

二 关于养老服务体系科学研究的部分观点

（一）养老服务体系的内涵

张苏和王婕根据提供主体的不同，将养老服务体系分成家庭养老和社会养老两种模式（见图1）。

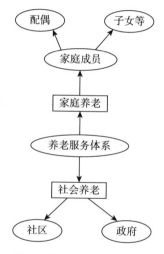

图1 养老服务体系的模式

资料来源：张苏、王婕《健康老龄化与养老服务体系构建》，《教学与研究》2013年第8期。

郑萍认为，在推进城市治理现代化过程中对于养老服务体系需要健全"居家为基础、社区为信托、机构为补充、医养相结合"等方面的工作。[1]

臧凤夷认为，大健康是一种全局理念，主要围绕人的衣食住行、生老病死开展工作，通过全程、全面、全要素的健康呵护过程，以实现个

---

[1] 郑萍：《健全辽宁养老服务体系建设制度供给对策研究——以城市空间治理为视角》，《现代营销》（经营版）2022年第1期。

体的身心健康为最终目的。[1]

（二）养老服务体系的理念

刘二鹏等认为，目前农村养老服务体系建设存在三种理念的偏差。一是忽视了城乡养老服务体系同步建设、融合发展。城市优先享受了各类政策试点、财政资金、基础设施和人才配置等。二是由于农村养老服务体系优先关注的人群主要是特困、高龄、空巢等特殊老年人，而欠缺针对老年群体的普惠型政策，更缺乏前瞻性预判。三是尚未充分认识到老年人所具有的创造力和社会价值，制定相关服务政策时也未能充分考虑老年人的实际情况。[2]

（三）影响养老服务体系现代化建设的核心变量与外围变量

李丽君认为，影响养老服务体系现代化建设的变量较多，可分为核心变量与外围变量两大部分，各自又有不同的内容（见图 2）。

三　山东省构建高质量养老服务体系的有利条件

（一）拥有丰富的海洋资源与优美的海洋环境

1. 海洋资源丰富

山东省位于我国东部沿海，濒临渤海、黄海，与朝鲜半岛、日本隔海相望。海岸线占全国的 1/6，海岛和海湾众多，滩涂广阔，海洋资源丰富，特别是对虾、海参、扇贝、鲍鱼等海珍品产量在全国领先并驰名海内外（见图 3）。

这些优质的海洋资源可以为老年人休闲娱乐、健康养老提供良好的环境和各种海洋产品，包括海洋生鲜食品、海洋功能食品、海洋生物医药产品、海洋保健品等。

---

[1]　臧凤夷：《大健康体系下我国养老服务改革的症结与路径创新研究》，《劳动保障世界》2020 年第 5 期。

[2]　刘二鹏、韩天阔、乐章：《县域统筹视角下农村多层次养老服务体系建设研究》，《农业经济问题》2022 年第 7 期。

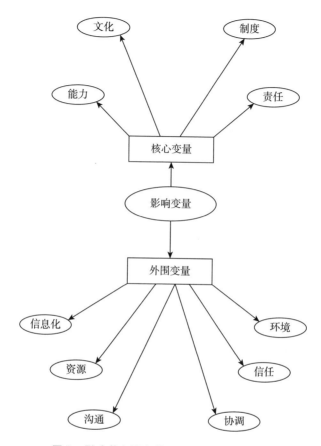

图 2　影响养老服务体系现代化建设的变量

资料来源：李丽君《新发展理念下我国养老服务体系现代化建设探究》，《西藏发展论坛》2022 年第 1 期。

2. 海洋环境优美

优美的海洋环境能为山东省构建高质量养老服务体系提供有力的保障。与蓝天、白云、阳光、大海、沙滩相伴，会令老年人赏心悦目、流连忘返、静心安神。

山东省 2019～2021 年近岸海域优良水质比例均在 90% 以上（见表 1）。

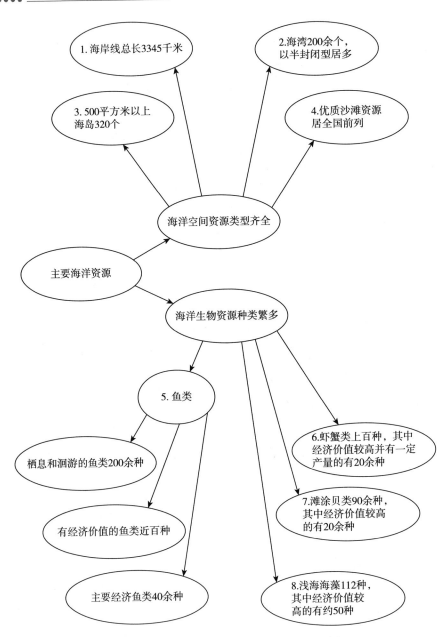

图 3　山东省主要海洋空间资源和海洋生物资源

资料来源：海岸线、海湾、海岛、沙滩等海洋空间资源来源于《国家发展改革委关于印发山东半岛蓝色经济区发展规划的通知》，原创力文档，https://max.book118.com/html/2011/0621/317655.shtm，最后访问日期：2022 年 3 月 29 日；海洋生物资源来源于孙吉亭主编《山东海洋资源与产业开发研究》，山东人民出版社，2014。

表1 2018～2021年山东近岸海域优良水质比例

单位：%

年份	优良水质比例
2018	82. 15
2019	90. 03
2020	91. 50
2021	92. 30

资料来源：于铭《2021年近岸海域优良水质比例达到92.3% 山东海洋生态环境保护取得显著成效》，新浪财经网，https：//finance. sina. com. cn/jjxw/2022 - 03 - 09/doc-imcwipih7506613. shtml？finpagefr = p_115，最后访问日期：2022年3月18日。

2021年，青岛市灵山湾以综合成绩第1名获评首批国家"美丽海湾"。按照创建计划，山东省在"十四五"期间，将创建5个国家"美丽海湾"和10个省级"美丽海湾"。①

（二）"十三五"期间具备了良好的健康和养老基础

1. 国家的总体发展情况

党和国家高度重视老龄事业和养老服务体系发展。涉老相关法律法规、规章制度和政策措施不断完善，老年人权益保障机制及养老服务体系建设、运营、发展的标准和监管制度更加健全。"十三五"期间，全国各类养老服务机构（包括养老机构、社区养老服务机构）和设施从11.6万个增加到32.9万个，床位数从672.7万张增加到821.0万张。②老年人健康水平持续提升，健康支撑体系不断健全（见表2）。

2. 山东省的总体发展情况

从山东省的情况来看，山东省已基本形成了提供健康服务的综合治理体系，主要健康指标名列全国前茅，也提前实现了联合国千年发展目标。③

---

① 于铭：《2021年近岸海域优良水质比例达到92.3% 山东海洋生态环境保护取得显著成效》，新浪财经网，https：//finance. sina. com. cn/jjxw/2022 - 03 - 09/doc-im-cwipih7506613. shtml？finpagefr = p_115，最后访问日期：2022年3月18日。

② 《国务院关于印发"十四五"国家老龄事业发展和养老服务体系规划的通知》（国发〔2021〕35号），中国政府网，http：//www. gov. cn/zhengce/content/2022 - 02/21/content_5674844. htm，最后访问日期：2022年3月2日。

③ 《山东省委、省政府印发〈"健康山东2030"规划纲要〉》，青岛市卫生健康委员会网站，http：//wsjkw. qingdao. gov. cn/n28356065/n32572784/n32572820/n32573190/211117112343279360. html，最后访问日期：2022年3月1日。

山东省养老服务保障能力显著增强（见图 4）。

表 2　2020 年中国老年人健康支撑体系情况

指标	数据
人均预期寿命（岁）	77.9
两证齐全的医养结合机构（家）	5857
床位数（万张）	158

资料来源：《国务院关于印发"十四五"国家老龄事业发展和养老服务体系规划的通知》（国发〔2021〕35 号），中国政府网，http://www.gov.cn/zhengce/content/2022 - 02/21/content_5674844.htm，最后访问日期：2022 年 3 月 2 日。

3. 山东省沿海地区的发展情况

"十三五"期间，山东省沿海地区也形成了较为完善的健康医疗保障体系。青岛市崂山区建成 5 家街道级居家社区养老服务中心、61 家社区养老服务站、7 家社区助老食堂等，城乡所有居家老年人均得到基本养老服务。[1] 东营市医养结合政策体系、标准规范和管理制度逐步健全，健康养老服务体系不断完善，2020 年东营市医养健康产业增加值为 84.38 亿元，跻身全市十强产业前 3 位。[2] 烟台市形成"政府主导 + 品牌连锁 + 机构延伸 + 农村互助"四位一体的居家社区养老服务模式。[3] 潍坊市顺利通过国家医养结合示范省先行区创建评估，健康潍坊建设成效明显。[4] 威海市"十三五"期间加大医养结合力度，且取得明显成效。[5] 日照市开展健康

---

[1] 《【回眸十三五】基本养老服务覆盖城乡所有居家老年人》，澎湃网，https://m.thepaper.cn/baijiahao_10449506，最后访问日期：2022 年 3 月 2 日。

[2] 李森：《权威发布｜东营："十三五"期间 累计为 52.37 万人次 70 周岁及以上老年人发放救助金 4.58 亿元》，"闪电新闻"百家号，https://baijiahao.baidu.com/s？id = 1700339041729920447&wfr = spider&for = pc，最后访问日期：2022 年 3 月 2 日。

[3] 《"'十三五'成就巡礼"新闻发布⑬这五年，烟台民政 110 多亿元兜底解难增进福祉!》，澎湃网，https://m.thepaper.cn/baijiahao_10591373，最后访问日期：2022 年 3 月 2 日。

[4] 都镇强、张鹏：《潍坊"十三五"成就巡礼｜社会民生质量稳步提高》，"大众日报"百家号，https://baijiahao.baidu.com/s？id = 1688129310380080620&wfr = spider&for = pc，最后访问日期：2022 年 3 月 2 日。

[5] 《关于印发〈威海市医疗卫生与养老服务相结合发展规划（2022—2024 年）〉的通知》，威海市人民政府网，http://www.weihai.gov.cn/art/2022/1/14/art_80789_2791099.html，最后访问日期：2022 年 3 月 20 日。

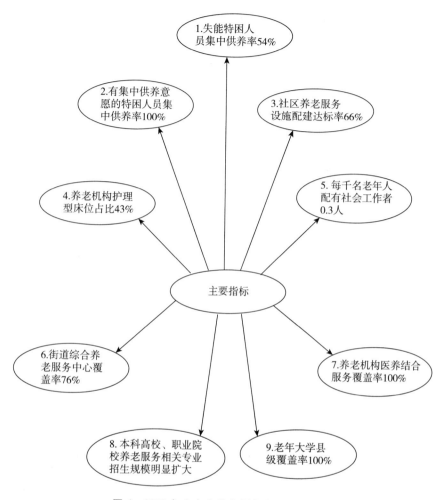

图 4 2020 年山东省养老服务发展主要指标

资料来源:《山东省人民政府办公厅关于印发山东省"十四五"养老服务体系规划的通知》(鲁政办字〔2021〕86 号),山东省人民政府网,http://www.shandong.gov.cn/art/2021/9/18/art_100623_39146.html?from=singlemessage,最后访问日期:2022 年 3 月 30 日。

扶贫,织密织牢医疗保障网,有效解决了因病致贫、返贫难题。[①] 滨州市

---

① 王霞:《十三五成就巡礼 克难奋进探新路 蹄疾步稳踏征程——日照扎实推进"三大攻坚战"走深走实》,"闪电新闻"百家号,https://baijiahao.baidu.com/s?id=1682570068789447296&wfr=spider&for=pc,最后访问日期:2022 年 3 月 20 日。

被列为全国首批养老服务业综合改革试点市，并获评省级医养结合示范先行市，实现了省级医养结合示范先行县 7 个县区全覆盖。① 烟台市和威海市"十三五"期间养老服务和医养结合所取得的基本成绩见图 5、图 6。

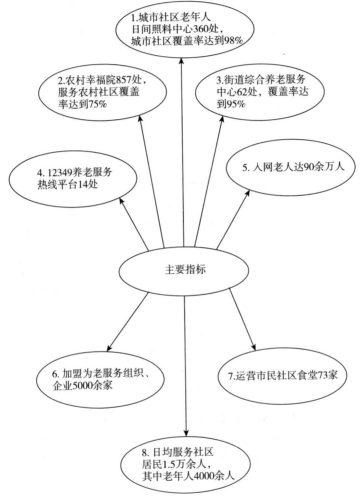

图 5 "十三五"时期烟台市发展养老服务取得的成绩

资料来源：《"'十三五'成就巡礼"新闻发布⑬这五年，烟台民政 110 多亿元兜底解难增进福祉！》，澎湃网，https://m. thepaper. cn/baijiahao_10591373，最后访问日期：2022 年 3 月 2 日。

---

① 《权威发布丨"十三五"期间滨州主要健康指标全面优化 城乡居民健康素养水平持续提高》，"闪电新闻"百家号，https://baijiahao. baidu. com/s？id = 1688935482085757631&wfr = spider&for = pc，最后访问日期：2022 年 3 月 2 日。

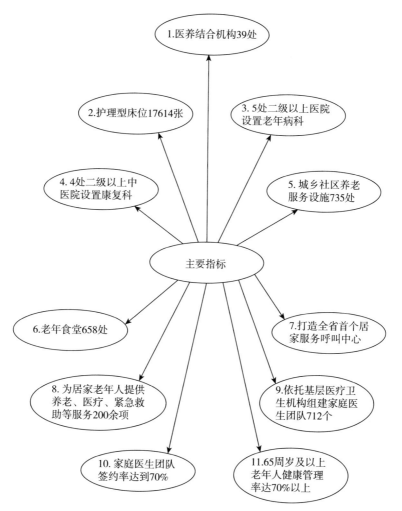

图6 威海市医养结合所取得的成绩（截至"十三五"末）

资料来源：《关于印发〈威海市医疗卫生与养老服务相结合发展规划（2022—2024年）〉的通知》，威海市人民政府网，http://www.weihai.gov.cn/art/2022/1/14/art_80789_2791099.html，最后访问日期：2022年3月20日。

（三）"十四五"开局后拥有良好的社会经济与养老条件

1. 山东省

根据马斯洛需求层次理论，人的需求分成生理需求、安全需求、社交需求、尊重需求和自我实现需求5个层次，其中生理需求是最低层次的需求，是用来维持个体生存的最基本的需求，比如食物、睡眠和水的需求；只有在生理需求、安全需求、社交需求、尊重需求得到满足时才会激发自我实现需求，因此自我实现需求是最高层次的需求。①

因此，随着经济收入的提高，人们对健康产业所提供的产品要求也越来越高。近年来，山东省居民人均可支配收入与人均消费支出都有较快增长（见表 3）。

表 3　2021 年山东省人民生活与社会保障和社会福利事业情况

指标	数据	比上年增长（%）
城镇居民人均可支配收入（元）	47066	7.6
农村居民人均可支配收入（元）	20794	10.9
城镇居民人均消费支出（元）	29314	7.4
农村居民人均消费支出（元）	14299	12.9
居民基本养老保险参与人数（万人）	4614.1	—
企业退休人员基本养老金［元/（人·月）］	3127.2	—
居民基本养老保险基础养老金最低标准［元/（人·月）］	150	—
养老机构（处）	2380	—
养老机构床位（万张）	40.3	—
护理型床位（万张）	23.8	—
社区老年人日间照料中心（处）	3252	—
农村幸福院（处）	11260	—

资料来源：《2021 年山东省国民经济和社会发展统计公报》，"鲁网"百家号，https://baijiahao.baidu.com/s? id = 1726058523692646674&wfr = spider&for = pc，最后访问日期：2022 年 3 月 10 日。

2. 青岛市

青岛市居民生活质量稳步提升，居民人均可支配收入与人均消费支出都有较快增长，社会保障更加完善（见表 4）。

表 4　2021 年青岛市人民生活与社会保障和社会福利事业情况

指标	数据	比上年增长（%）
人均可支配收入（元）	51223	8.6
人均消费支出（元）	32878	—

① 吴莹、王善萍：《马斯洛需求层次理论对公立医院科研管理激励机制的影响》，《人才资源开发》2022 年第 2 期。

续表

指标	数据	比上年增长（%）
城镇居民人均现住房建筑面积（平方米）	32.1	—
农村居民人均现住房建筑面积（平方米）	37.4	—
私人汽车（万辆）	293	7.1
新增养老床位（万张）	3.1	—

资料来源：《2021 年青岛市国民经济和社会发展统计公报正式发布》，澎湃网，https://m.thepaper.cn/baijiahao_17162809，最后访问日期：2022 年 3 月 30 日。

3. 东营市

2021 年东营市全市经济稳中有进、进中提质，高质量发展取得显著成绩，实现"十四五"良好开局（见表 5）。

表 5　2021 年东营市人民生活与社会保障和社会福利事业情况

指标	数据	比上年增长（%）
城镇居民人均可支配收入（元）	56625	7.5
农村居民人均可支配收入（元）	22255	11.3
城镇居民人均消费支出（元）	33526	7.2
农村居民人均消费支出（元）	16593	12.0
职工参加基本养老保险数（万人）	68.91	—
企业退休人员基本养老金［元/（人·月）］	2690	—
各类养老服务设施（处）	399	—
养老机构护理型床位占比（%）	52.1	10.7 *

注：* 指提高了 10.7 个百分点。

资料来源：《2021 年东营市国民经济和社会发展统计公报》，东营市人民政府网，http://www.dongying.gov.cn/module/download/downfile.jsp？classid=0&filename=fb7fd9fa16f64c4d84853fae818946bd.pdf，最后访问日期：2022 年 3 月 28 日。

4. 烟台市

2021 年，烟台市经济形势总体平稳，呈现稳中向好、进中提质的运行态势（见表 6）。

表 6　2021 年烟台市人民生活与社会保障和社会福利事业情况

指标	数据	比上年增长（%）
城镇居民人均可支配收入（元）	53169	7.6

续表

指标	数据	比上年增长（%）
农村居民人均可支配收入（元）	24574	10.2
城镇居民人均消费支出（元）	34178	7.3
农村居民人均消费支出（元）	17472	13.4
城镇常住居民人均住房建筑面积（平方米）	38.96	0.01 *
农村居民人均住房建筑面积（平方米）	42.89	0.12 *
养老机构（含敬老院）（个）	247	—
机构养老床位数（万张）	4.17	—
收留抚养老年人（万人）	1.73	—
建有城市社区老年人日间照料中心、农村幸福院等养老服务设施（个）	1475	—

注：* 指较上年增加值。

资料来源：《2021 年烟台市国民经济和社会发展统计公报》，烟台市统计局网站，http://tjj. yantai. gov. cn/art/2022/3/28/art_117_2876307. html，最后访问日期：2022 年 3 月 30 日。

5. 潍坊市

2021 年潍坊市民生保障扎实有力，高质量发展取得新成效，社会保障能力持续提升。职工养老保险、居民养老保险、失业保险、工伤保险参保人数分别达到 243.3 万人、474.1 万人、122.1 万人、187.1 万人，为 2956 名重残人员落实提前 5 年领取居民养老金待遇。① 城乡居民收入稳步提高（见表 7）。

表 7　2021 年潍坊市人民生活与社会保障和社会福利事业情况

指标	数据	比上年增长（%）
城镇居民人均可支配收入（元）	46616	8.2
农村居民人均可支配收入（元）	24007	10.9
城镇居民人均消费支出（元）	28498	7.7
农村居民人均消费支出（元）	15511	13.5
为 62.2 万名退休职工和 163.6 万名老年居民发放养老金（亿元）	288.8	—
实施智能适老化改造的困难老年人家庭（户）	9755	—

① 《2021 年潍坊市国民经济和社会发展统计公报》，齐鲁网，http://weifang. iqilu. com/wfyaowen/2022/0316/5085026. shtml，最后访问日期：2022 年 3 月 21 日。

续表

指标	数据	比上年增长（％）
发放智能防走失手环（个）	2560	—
在省内率先通过五星级养老服务认证的养老机构数（家）	3	—
助老食堂数（处）	156	—

资料来源：《2021 年潍坊市国民经济和社会发展统计公报》，齐鲁网，http://weifang.iqilu.com/wfyaowen/2022/0316/5085026.shtml，最后访问日期：2022 年 3 月 21 日。

6. 威海市

2021 年，威海市高质量发展取得新成效，实现了"十四五"良好开局（见表 8）。

表 8　2021 年威海市人民生活与社会保障和社会福利事业情况

指标	数据	比上年增长（％）
城镇居民人均可支配收入（元）	54264	7.6
农村居民人均可支配收入（元）	25692	10.0
城镇居民人均消费支出（元）	33752	8.0
农村居民人均消费支出（元）	15537	12.5
全市参加基本养老保险数（万人）	234.28	—
居民基础养老金标准［元/（人·月）］	162	—
全市养老机构数（处）	160	—
全市养老机构床位数（张）	38366	—
全市养老机构在院人数（人）	16383	—

资料来源：《2021 年威海市国民经济和社会发展统计公报》，威海市人民政府网，http://www.weihai.gov.cn/art/2022/4/2/art_58862_2817170.html，最后访问日期：2022 年 4 月 2 日。

7. 日照市

2021 年日照市社会经济发展有力，在人民生活和社会福利事业方面取得了显著成绩（见表 9）。

表 9　2021 年日照市人民生活与社会保障和社会福利事业情况

指标	数据	比上年增长（％）
城镇居民人均可支配收入（元）	39380	7.2
农村居民人均可支配收入（元）	20154	10.3
全市居民人均消费支出（元）	17950	9.0

续表

指标	数据	比上年增长（%）
城镇职工参加基本养老保险数（万人）	82.81	—
城乡居民参加养老保险数（万人）	140.03	—
居民基础养老金最低标准［元/(人·月)］	150	—
已登记养老服务机构（个）	51	—
已登记养老服务机构服务人数（人）	2962	—
乡镇敬老院（个）	31	—
乡镇敬老院总床位（张）	2744	—

资料来源：《2211.96 亿元！2021 年日照市国民经济和社会发展统计公报发布》，海报新闻网，http://w.dzwww.com/p/p903eEMExb.html，最后访问日期：2022 年 3 月 30 日。

8. 滨州市

2021 年，滨州市全市经济稳中向好、好于预期，富强滨州建设迈出坚实步伐，实现"十四五"良好开局（见表 10）。

表 10 2021 年滨州市人民生活与社会保障和社会福利事业情况

指标	数据	比上年增长（%）
城镇居民人均可支配收入（元）	41566	7.7
农村居民人均可支配收入（元）	20539	11.0
城镇居民人均消费支出（元）	26513	7.6
农村居民人均消费支出（元）	13975	13.4
城镇职工基本养老保险参保人数（万人）	98.69	9.0*
居民基本养老保险参保人数（万人）	212.66	14.2*
城镇职工基本养老保险基金收入（亿元）	93.88	—
城镇职工基本养老保险基金支出（亿元）	81.69	—
全市共有养老机构和设施（个）	906	—
养老床位数（张）	36918	—
其中：护理型床位	10455	—

注：*指较上年增加值。

资料来源：《2021 年滨州市国民经济和社会发展统计公报》，"滨州网"百家号，https://baijiahao.baidu.com/s？id＝1726684215897533502&wfr＝spider&for＝pc，最后访问日期：2022 年 3 月 30 日。

（四）国家和山东省出台了一系列的政策与规划

1. 国家出台的政策与规划

2022 年 2 月 21 日，国务院印发《"十四五"国家老龄事业发展和养老服务体系规划》。该规划提出了养老服务供给不断扩大、老年健康支撑体系更加健全等发展目标（见图7、图8）。

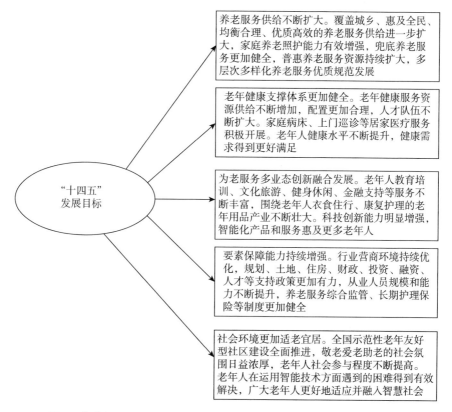

养老服务供给不断扩大。覆盖城乡、惠及全民、均衡合理、优质高效的养老服务供给进一步扩大，家庭养老照护能力有效增强，兜底养老服务更加健全，普惠养老服务资源持续扩大，多层次多样化养老服务优质规范发展

老年健康支撑体系更加健全。老年健康服务资源供给不断增加，配置更加合理，人才队伍不断扩大。家庭病床、上门巡诊等居家医疗服务积极开展。老年人健康水平不断提升，健康需求得到更好满足

"十四五"发展目标

为老服务多业态创新融合发展。老年人教育培训、文化旅游、健身休闲、金融支持等服务不断丰富，围绕老年人衣食住行、康复护理的老年用品产业不断壮大。科技创新能力明显增强，智能化产品和服务惠及更多老年人

要素保障能力持续增强。行业营商环境持续优化，规划、土地、住房、财政、投资、融资、人才等支持政策更加有力，从业人员规模和能力不断提升，养老服务综合监管、长期护理保险等制度更加健全

社会环境更加适老宜居。全国示范性老年友好型社区建设全面推进，敬老爱老助老的社会氛围日益浓厚，老年人社会参与程度不断提高。老年人在运用智能技术方面遇到的困难得到有效解决，广大老年人更好地适应并融入智慧社会

图7 《"十四五"国家老龄事业发展和养老服务体系规划》发展目标

资料来源：《国务院关于印发"十四五"国家老龄事业发展和养老服务体系规划的通知》（国发〔2021〕35号），中国政府网，http://www.gov.cn/zhengce/content/2022－02/21/content_5674844.htm，最后访问日期：2022年3月2日。

2. 山东省出台的政策与规划

2021年山东省出台了《山东省"十四五"养老服务体系规划》，这一规划高度关注高龄和失能老年人，聚焦其长期照护体系建设，提出完善基本养老服务和发展普惠养老服务、推进互助养老服务、支持家庭承担养老功能、培育养老服务新业态等一系列目标与措施（见图9、图10）。

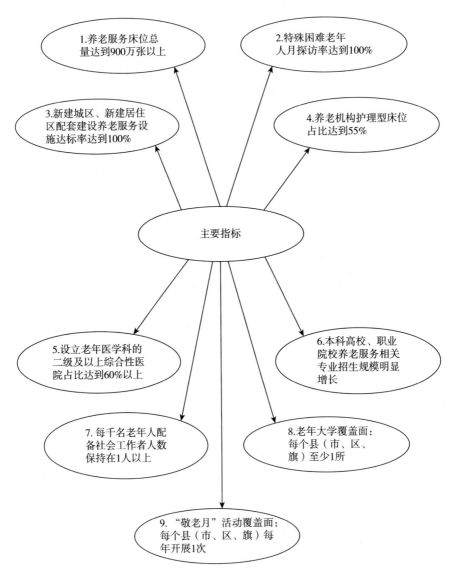

图 8 《"十四五"国家老龄事业发展和养老服务体系规划》
主要指标（2025 年目标值）

资料来源：《国务院关于印发"十四五"国家老龄事业发展和养老服务体系规划的通知》（国发〔2021〕35 号），中国政府网，http://www.gov.cn/zhengce/content/2022－02/21/content_5674844.htm，最后访问日期：2022 年 3 月 2 日。

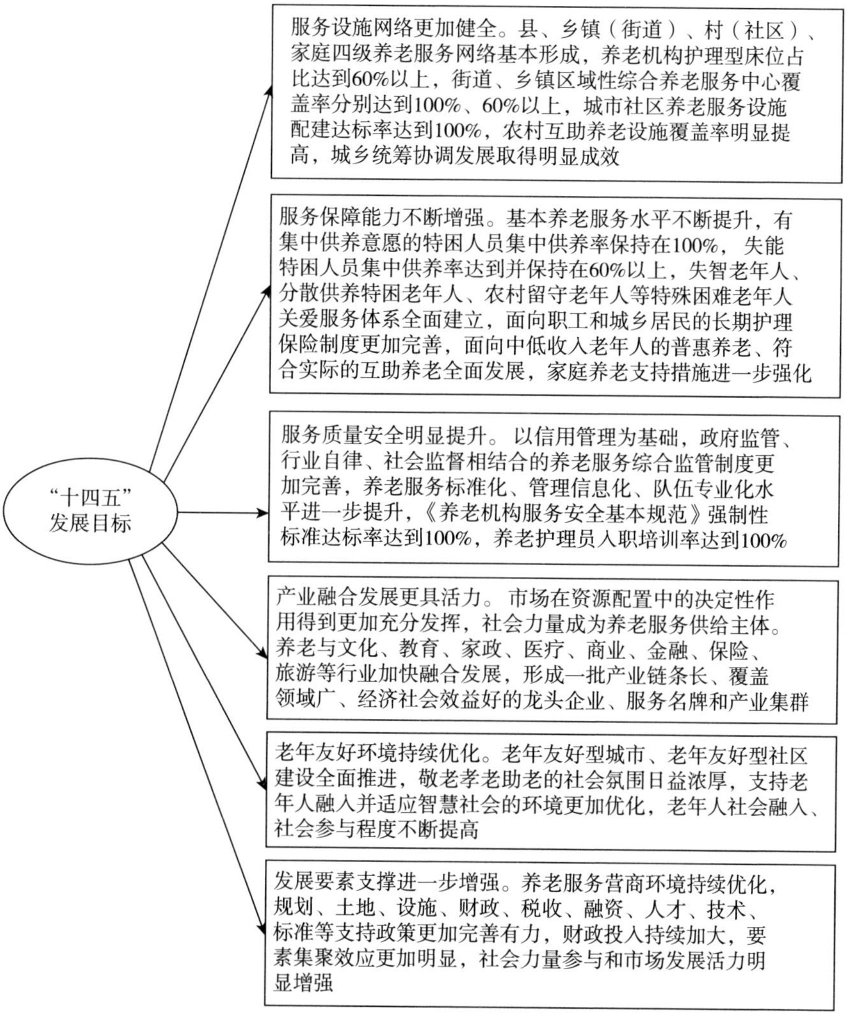

"十四五"
发展目标

服务设施网络更加健全。县、乡镇（街道）、村（社区）、家庭四级养老服务网络基本形成，养老机构护理型床位占比达到60%以上，街道、乡镇区域性综合养老服务中心覆盖率分别达到100%、60%以上，城市社区养老服务设施配建达标率达到100%，农村互助养老设施覆盖率明显提高，城乡统筹协调发展取得明显成效

服务保障能力不断增强。基本养老服务水平不断提升，有集中供养意愿的特困人员集中供养率保持在100%，失能特困人员集中供养率达到并保持在60%以上，失智老年人、分散供养特困老年人、农村留守老年人等特殊困难老年人关爱服务体系全面建立，面向职工和城乡居民的长期护理保险制度更加完善，面向中低收入老年人的普惠养老、符合实际的互助养老全面发展，家庭养老支持措施进一步强化

服务质量安全明显提升。以信用管理为基础，政府监管、行业自律、社会监督相结合的养老服务综合监管制度更加完善，养老服务标准化、管理信息化、队伍专业化水平进一步提升，《养老机构服务安全基本规范》强制性标准达标率达到100%，养老护理员入职培训率达到100%

产业融合发展更具活力。市场在资源配置中的决定性作用得到更加充分发挥，社会力量成为养老服务供给主体。养老与文化、教育、家政、医疗、商业、金融、保险、旅游等行业加快融合发展，形成一批产业链条长、覆盖领域广、经济社会效益好的龙头企业、服务名牌和产业集群

老年友好环境持续优化。老年友好型城市、老年友好型社区建设全面推进，敬老孝老助老的社会氛围日益浓厚，支持老年人融入并适应智慧社会的环境更加优化，老年人社会融入、社会参与程度不断提高

发展要素支撑进一步增强。养老服务营商环境持续优化，规划、土地、设施、财政、税收、融资、人才、技术、标准等支持政策更加完善有力，财政投入持续加大，要素集聚效应更加明显，社会力量参与和市场发展活力明显增强

图9 《山东省"十四五"养老服务体系规划》发展目标

资料来源：《山东省人民政府办公厅关于印发山东省"十四五"养老服务体系规划的通知》（鲁政办字〔2021〕86号），山东省人民政府网，http://www.shandong.gov.cn/art/2021/9/18/art_100623_39146.html？from = singlemessage，最后访问日期：2022年3月30日。

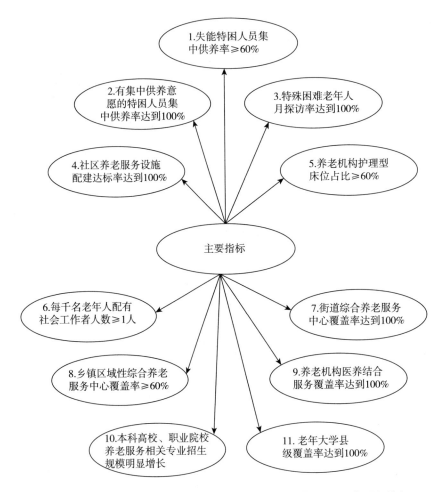

图 10 "十四五"期间山东省养老服务发展主要指标（2025 年目标值）

资料来源：《山东省人民政府办公厅关于印发山东省"十四五"养老服务体系规划的通知》（鲁政办字〔2021〕86 号），山东省人民政府网，http://www.shandong.gov.cn/art/2021/9/18/art_100623_39146.html？from＝singlemessage，最后访问日期：2022年 3 月 30 日。

以"健康中国"的宏伟战略为本，山东省委、省政府制定并实施《"健康山东 2030"规划纲要》，分别提出了 2020 年、2030 年的战略目标（见图 11）。

《"健康山东 2030"规划纲要》从健康水平等 7 个方面提出 2030 年要实现的具体目标（见图 12）。

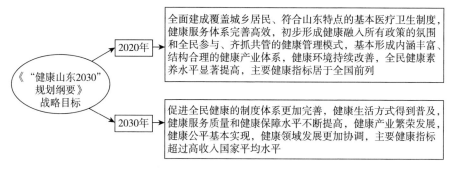

图 11 《"健康山东 2030"规划纲要》战略目标

资料来源：《山东省委、省政府印发〈"健康山东 2030"规划纲要〉》，青岛市卫生健康委员会网站，http://wsjkw.qingdao.gov.cn/n28356065/n32572784/n32572820/n32573190/211117112343279360.html，最后访问日期：2022 年 3 月 1 日。

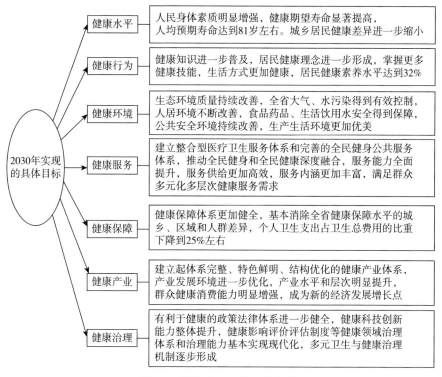

图 12 2030 年实现的具体目标

资料来源：《山东省委、省政府印发〈"健康山东 2030"规划纲要〉》，青岛市卫生健康委员会网站，http://wsjkw.qingdao.gov.cn/n28356065/n32572784/n32572820/n32573190/211117112343279360.html，最后访问日期：2022 年 3 月 1 日。

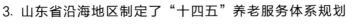

3. 山东省沿海地区制定了"十四五"养老服务体系规划

限于资料，这里仅介绍青岛市、潍坊市和威海市的相关规划。

（1）青岛市

2022 年 2 月 25 日，青岛市发布了《青岛市养老服务设施专项规划（2021—2035 年）》。该规划明确的重点任务是"以居家社区养老为重点，建成一批 5A 级居家社区养老服务中心。衔接老旧小区改造与智慧社区、智慧街区建设，逐步实现适老化改造、智能检测设备安装、个性化养老服务入户。发挥好公办养老机构的兜底保障作用，推进基本养老服务均等化、普惠化、便捷化。提升养老机构服务水平，强化专业照护功能，提高现有养老机构床位利用率。结合各街道人口增长情况及住宅项目建设，完善社区级养老服务设施配套"。①

（2）潍坊市

2021 年 12 月 29 日，潍坊市人民政府办公室印发了《潍坊市"十四五"养老服务体系规划》。该规划提出了到"2025 年年底前，居家社区机构相协调、医养康养相结合的多层次养老服务体系更加完善，养老服务有效供给持续扩大，养老服务产品日益丰富，行业要素支撑不断增强，老年宜居、老年友好环境初步形成"②，并提出到 2025 年底的目标（见图 13）。

（3）威海市

2022 年 1 月 14 日，威海市民政局、威海市自然资源和规划局、威海市卫生健康委员会、威海市医疗保障局联合印发了《威海市医疗卫生与养老服务相结合发展规划（2022—2024 年）》，提出到 2024 年底前，基本建成分工明确、布局合理、产业互融、运行高效的医养结合发展体系，建设一批发展潜力大的重点项目，培育一批创新能力强的龙头企业，树

① 《【图文解读】〈青岛市养老服务设施专项规划（2021—2035 年）〉政策解读》，青岛市人民政府网，http://www.qingdao.gov.cn/zwgk/xxgk/mzj/gkml/zcjd/2022 03/t20220301_4474515.shtml，最后访问日期：2022 年 3 月 30 日。

② 《潍坊市人民政府办公室关于印发潍坊市"十四五"养老服务体系规划的通知》（潍政办字〔2021〕185 号），潍坊民政网，http://mzj.weifang.gov.cn/rdzt/yhyshj/zcwj/202112/W020211231329793403242.pdf，最后访问日期：2022 年 2 月 12 日。

立一批具有示范带动效应的服务典型，打造一批知名度高的服务品牌①；并提出了 2021 年、2022 年、2023 年和 2024 年医养结合发展预期指标（见图 14、图 15、图 16、图 17）。

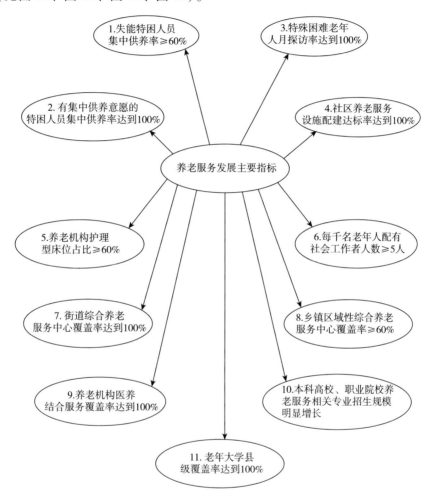

图 13 "十四五"期间潍坊市养老服务发展主要指标（2025 年底目标值）

资料来源：《潍坊市人民政府办公室关于印发潍坊市"十四五"养老服务体系规划的通知》（潍政办字〔2021〕185 号），潍坊民政网，http://mzj. weifang. gov. cn/rdzt/yhyshj/zcwj/202112/W020211231329793403242.pdf，最后访问日期：2022 年 2 月 12 日。

① 《关于印发〈威海市医疗卫生与养老服务相结合发展规划（2022—2024 年）〉的通知》（威民发〔2022〕3 号），威海市人民政府网，http://www. weihai. cn/art/2022/1/14/art_80789_2791099.html，最后访问日期：2022 年 3 月 20 日。

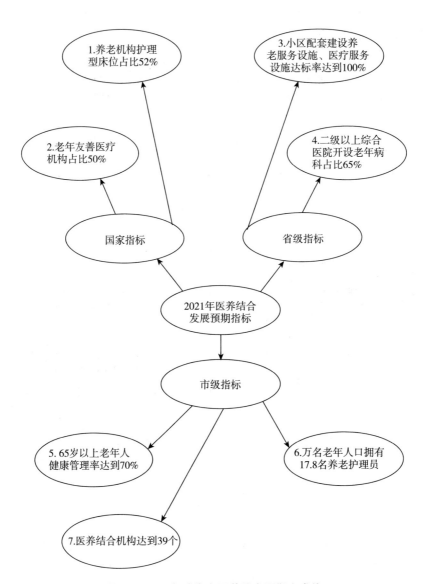

图 14　2021 年威海市医养结合预期完成值

资料来源：《关于印发〈威海市医疗卫生与养老服务相结合发展规划（2022—2024 年）〉的通知》（威民发〔2022〕3 号），威海市人民政府网，http://www.weihai.gov.cn/art/2022/1/14/art_80789_2791099.html，最后访问日期：2022 年 3 月 20 日。

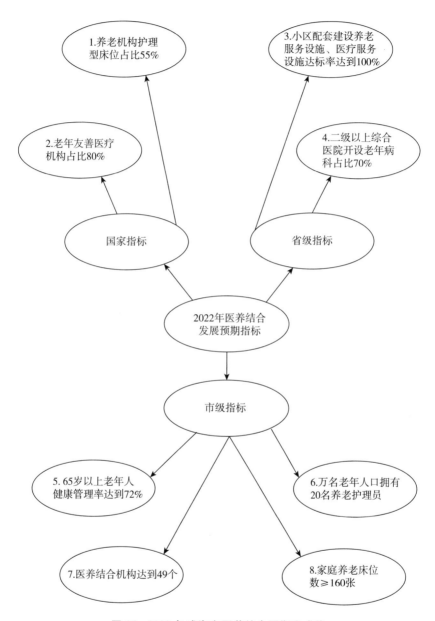

图 15　2022 年威海市医养结合预期完成值

资料来源：《关于印发〈威海市医疗卫生与养老服务相结合发展规划（2022—2024年）〉的通知》（威民发〔2022〕3 号），威海市人民政府网，http://www.weihai.gov.cn/art/2022/1/14/art_80789_2791099.html，最后访问日期：2022 年 3 月 20 日。

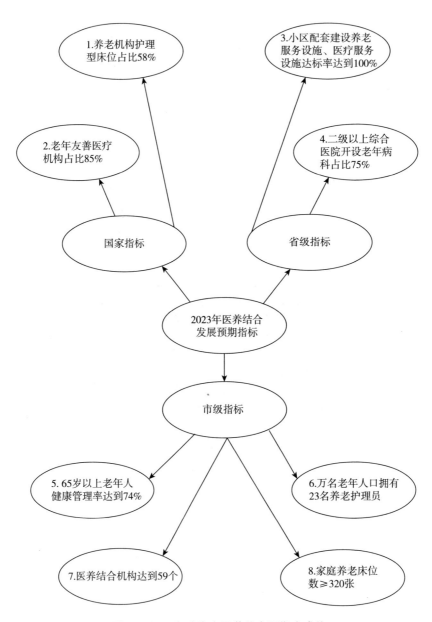

图 16 2023 年威海市医养结合预期完成值

资料来源：《关于印发〈威海市医疗卫生与养老服务相结合发展规划（2022—2024 年）〉的通知》（威民发〔2022〕3 号），威海市人民政府网，http://www.weihai.gov.cn/art/2022/1/14/art_80789_2791099.html，最后访问日期：2022 年 3 月 20 日。

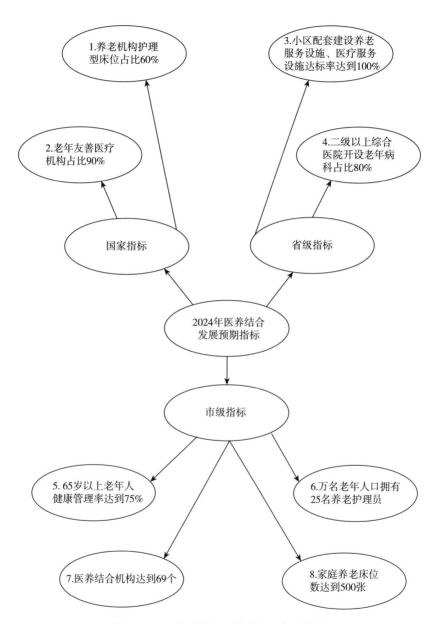

图 17 2024 年威海市医养结合预期完成值

资料来源:《关于印发〈威海市医疗卫生与养老服务相结合发展规划(2022—2024年)〉的通知》(威民发〔2022〕3 号),威海市人民政府网, http://www. weihai. gov. cn/art/2022/1/14/art_ 80789_2791099. html,最后访问日期:2022 年 3 月 20 日。

四 山东省沿海地区养老服务体系建设面临的一些挑战

（一）长期护理需求与实际供给的矛盾

从 2020 年第七次全国人口普查结果来看，山东省沿海地区人口老龄化趋势逐步加剧（见图 18、图 19）。例如，青岛市有常住人口 1007.17 万人，其中 60 岁及以上人口数量为 204.26 万人，占比高达 20.28%，高于全国平均水平 1.58 个百分点。[①] 东营市 60 岁及以上人口为 44.72 万人，占全市常住人口的 20.39%。[②] 烟台市 2020 年底共有户籍老年人口 180.40 万人，约占总人口的 27.70%。[③] 潍坊市 60 岁及以上人口为 204.31 万人，占全市常住人口的 21.77%，60 岁及以上人口的比重与 2010 年相比提高 6.56 个百分点，高出全省 0.87 个百分点。[④] 威海市 60 岁以上户籍老年人共有 76.45 万人，老龄化比例达到 29.79%。[⑤] 日照市 60 岁及以上人口为 66.59 万人，占全市常住人口的 22.43%。[⑥] 滨州市 60 岁及以上人口为 85.49 万人，占

① 刘岐涛：《青岛老龄化趋势加快》，《中国信息报》2021 年 6 月 16 日，第 3 版，http://www.zgxxb.com.cn/pc/content/202106/16/content_5959.html，最后访问日期：2022 年 3 月 30 日。

② 《2193518 人！东营市第七次全国人口普查数据发布》，"中国山东网"百家号，https://baijiahao.baidu.com/s? id = 1702143436091489931&wfr = spider&for = pc，最后访问日期：2022 年 3 月 30 日。

③ 《烟台市 60 岁以上老年人口 180.4 万人，全市医养结合床位超 2.8 万张》，"大小新闻"百家号，https://baijiahao.baidu.com/s? id = 1713575038973284692&wfr = spider&for = pc，最后访问日期：2022 年 3 月 30 日。

④ 《潍坊市第七次全国人口普查主要数据情况公布》，澎湃网，https://m.thepaper.cn/baijiahao_13079399，最后访问日期：2022 年 3 月 30 日。

⑤ 《威海 60 岁以上老年人 76.45 万人》，威海市人民政府网，http://www.weihai.gov.cn/art/2021/10/13/art_58817_2687371.html，最后访问日期：2022 年 3 月 30 日。

⑥ 《中国深度老龄化城市出炉！日照上榜!》，腾讯新闻网，https://view.inews.qq.com/a/20210910A02D6500，最后访问日期：2022 年 3 月 30 日。

全市常住人口的 21.76%。①

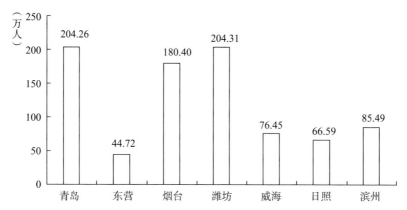

图 18　山东省沿海地区 60 岁及以上老年人口数

注：烟台市和威海市数据不含 60 岁。

资料来源：根据上文相关数据绘制。

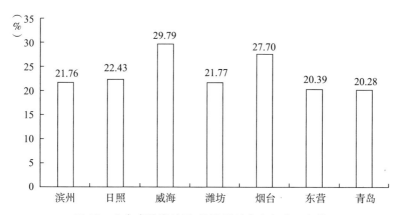

图 19　山东省沿海地区 60 岁及以上老年人口占比

注：烟台市和威海市数据不含 60 岁。

资料来源：根据上文相关数据绘制。

　　在数量巨大的老年群体之中，有很多是失能老年人，需要长期护理。但是受到护理型床位紧缺等影响，许多失能老年人未能入住养老机构。例如威海市仅有 20% 左右的失能老年人入住养老机构，因此对失能老年

---

① 《全省第七！滨州最新人口数据公布》，"齐鲁晚报网"百家号，https://baijia-hao. baidu. com/s？id = 1702280679867083194&wfr = spider&for = pc，最后访问日期：2022 年 3 月 30 日。

人的照护需求有较大的缺口。①

（二）对社会养老的认识有待提高

社会养老是一个新生事物，许多老年人的观念没有跟上时代的步伐，接受现代生活理念还需要一个过程。2017 年末，青岛市老年人口中空巢老人占 60 岁及以上老年人口的比例为 53.2%，其中，单身独居空巢老人占比 12.6%。② 这是一个很大的群体，亟须加强对老年人的现代生活理念传输。

（三）老年人购买养老服务的能力有待提高

根据 2015 年第四次中国城乡老年人生活状况抽样调查结果，山东省老年人收入低于全省平均水平。③ 这种情况导致其购买养老服务的能力不足，从而成为制约养老事业发展的一个因素。

五 构建高质量养老服务体系推动健康产业发展的对策

（一）保障低收入老年人的基本需求

立足基本医养，盘活基层医疗养老服务资源，推进乡镇卫生院与敬老院融合发展，通过一体联建、签约合作、派驻医护人员等形式，建立紧密型合作关系，满足低收入老年群体的基本医养需求。④ 积极拓展农

---

① 《关于印发〈威海市医疗卫生与养老服务相结合发展规划（2022—2024 年）〉的通知》（威民发〔2022〕3 号），威海市人民政府网，http://www.weihai.gov.cn/art/2022/1/14/art_80789_2791099.html，最后访问日期：2022 年 3 月 20 日。

② 《首发：青岛老年人口超 200 万 老年工作"青岛模式"获点赞》，青岛新闻网，https://news.qingdaonews.com/qingdao/2018 – 10/16/content_20226703.htm，最后访问日期：2022 年 3 月 20 日。

③ 《山东发布老年人生活状况调查结果：收入低于全省平均水平》，中青在线网，http://news.cyol.com/content/2017 – 05/24/content_16111809.htm，最后访问日期：2022 年 3 月 30 日。

④ 《关于印发〈威海市医疗卫生与养老服务相结合发展规划（2022—2024 年）〉的通知》（威民发〔2022〕3 号），威海市人民政府网，http://www.weihai.gov.cn/art/2022/1/14/art_80789_2791099.html，最后访问日期：2022 年 3 月 20 日。

村养老服务。实施县乡特困供养机构提升改造工程，鼓励建设村级幸福院等养老设施，并积极探索发展村级互助养老新模式。[1]

（二）建立经济困难老年人养老服务需求评估制度

对老年人特别是经济困难的老年群体进行老年人能力与需求综合评估，评估结果作为领取老年人补贴、接受养老服务的依据。以经济困难失能老年人为重点，通过政府购买服务等方式提供居家养老服务。[2]

（三）用"数字化""智慧化"完善居家养老服务体系

要想更好地打造居家养老服务体系，必须把先进的科学技术应用到居家养老服务体系之中。要利用互联网技术、物联网技术等智慧智能手段，发挥智能手机、信息传感设备等终端设备的功能，实现定位、远程监控，做好医疗保健、家庭服务、健康监测、精神慰藉等服务，并及时提供紧急救助。[3] 通过运用信息技术来支撑居家养老系统，为老人配上专用终端呼叫器，设有一键拨号功能，以便在本系统内为老人提供紧急救助和日常求助等服务。同时居家养老必须与社区服务相结合，形成居家社区一体化的体系，而不能"单打一"。[4] 通过用"数字化""智慧化"完善居家养老服务体系，充分激励多产业融合，延长健康产业链条。

（四）养老服务体系构建要充分利用海洋资源

随着生活水平的提高，一些慢性病也开始侵蚀老年人的健康。这些慢性病主要包括高血压、糖尿病、肥胖症、脂肪肝、高尿酸等。海洋生物资源是人类健康食品的重要来源，它们在防治人类疾病、预防衰老、

---

[1] 河南省民政厅：《全力构建"老有颐养"高水平养老服务体系》，《中国民政》2021年第24期。

[2] 《山东省人民政府办公厅关于印发山东省"十四五"养老服务体系规划的通知》（鲁政办字〔2021〕86号），山东省人民政府网，http://www.shandong.gov.cn/art/2021/9/18/art_100623_39146.html？from = singlemessage，最后访问日期：2022年3月30日。

[3] 周军、隋吉原：《构建具有常州特色的"互联网+健康·医疗"养老服务体系的思考》，《江苏理工学院学报》2017年第1期。

[4] 刘秀燕：《健康鞍山背景下完善居家养老服务体系建设研究》，《智库时代》2019年第50期。

延年益寿方面有着特殊的功效。例如，Omega – 3 是现代人普遍缺乏的营养素，还是人体必需的脂肪酸，是生命的重要物质，但是人类却不能自行生成，只能从食物中摄取，而几乎所有海洋生物都含有 Omega – 3，[①]可以源源不断地为人类提供所需的营养素。

因此，要大力开发海洋生物活性物质，为广大老年群体提供物美质优的海洋药物、海洋功能食品和海洋生物保健品。考虑到老年人携带和服用的要求，可制成胶囊、药丸、溶液、粉末等产品用于保健与防治疾病，还可利用甲壳素和壳聚糖来制作人造皮肤和手术缝合线等。[②]

"十四五"期间要加强海洋医药和保健品的基础理论研究，包括普筛、定向筛选和理化药物设计相结合；而且要进一步加强海洋生物工程技术研究，为基因工程、细胞工程、酶工程等生物工程技术在海洋药物中的运用创造条件。[③]

（五）注重培养合格的养老服务人才

老年人的幸福生活既系于高质量养老服务体系的构建，也离不开具体实施养老服务体系的人员。由于养老服务是一个多方面、多层次的体系，所以需要不同专业的人才。

一要加强基层人才队伍建设，形成灵活的用人机制，加强护理、康复、推拿等岗位紧缺人员的培养培训，补齐人才短板，优化养老人才队伍。对于一些不太需要较高学历的岗位，可以采取短期培训的方式使之快速胜任养老服务工作。对于在岗人员，采取不断轮训的方式，使之能更好地胜任目前的岗位工作。

二要培养高层次的养老服务人才，通过学历教育，培养一批能够满足老年医学、心理健康、营养学、社会学、地区养老顶层设计等多方面需求的人才。

---

① 罗茵、方琼玟：《海洋保健品可预防治疗慢性病》，《海洋与渔业》2019 年第 3 期。

② 陈月、栾维新、程海燕：《我国海洋生物制药与保健品业开发战略》，《海洋开发与管理》2007 年第 6 期。

③ 王长云：《海洋药物与海洋保健品的开发前景及策略》，《海洋信息》1997 年第 9 期。

（六）全社会要树立尊重养老从业人员的风气

养老从业人员必须得到应有的尊重，摒弃那些瞧不起养老服务人员的意识和行为。应该充分利用传统媒体（如电视、报纸、广播等），以及新媒体（如互联网的传播平台等），宣传养老服务的重要性，鼓励人们，特别是青年人投入养老服务行业中。有关部门应搭建平台，为养老从业人员提供相应的信息和与消费者联系的渠道，以避免消费者与从业人员互不了解的"双盲"情况，并通过平台形成从业人员的集聚，推动养老服务及相关产业的发展。

Study on the Construction of High-quality Elderly Service System in Coastal Areas of Shandong Province to Promote the Development of Health Industry

Dong Zhenghui

(Qingdao Fuwai Cardiovascular Hospital, Qingdao,
Shandong, 266071, P. R. China)

Abstract: At present, the demand structure of the elderly is changing from subsistence to diversified services. It is increasingly important and urgent to establish and improve the elderly service system. This paper discusses the role of constructing high-quality pension service system on the development of health industry, summarizes some viewpoints on pension service system research, further analyzes the advantages of constructing high-quality pension service system in Shandong Province, and analyzes some challenges faced by the construction of pension service system in coastal areas of Shandong Province. And put forward to ensure the basic demand, establishing the financial difficulties of low-income elderly elderly endowment service needs assessment system, with a "digital" "wisdom" perfect home endowment service system, make full use of Marine resources, pay attention to build quality such as the development of qualified pension service pension service system countermeasures to promote the development of health industry.

Keywords: Aging Population; Old-age Service System; Marine Resources; Home-based Old-age Care; Old-age Service Talents

（责任编辑：孙吉亭）

山东深远海养殖鱼类品种的选择[*]

李宝山　曹体宏　王　斌　王际英　李培玉　黄炳山[**]

摘　要　山东是海洋大省，并在向海洋强省奋进，山东海洋牧场建设及海洋装备制造业均走在全国前列。深远海养殖是山东省海洋经济的重要组成部分，也是优化海水养殖空间布局、促进海水养殖业转型升级的重要举措。近年来，山东省众多深远海养殖装备投入使用，适养鱼类品种的缺乏成为限制产业发展的瓶颈问题。山东省纬度较高，海域水温周年在 15~24℃ 波动，对适养品种的要求较高。本文提出山东深远海适养鱼类品种的选择标准，分析了现存及潜在的适宜养殖品种，阐明了相关技术需求，并介绍了相关养殖技术，以期为山东省深远海养殖产业的发展提供助力。

关键词　深远海养殖　海洋经济　养殖品种　适温范围　生长速度

---

* 本文为山东省重点研发计划"深远海设施渔业科技示范工程"（项目编号：2021SFGC0701）、烟台市科技创新发展计划项目"低氮磷排放型深海网箱鱼类生态饲料的开发应用"（项目编号：2021XDHZ055）的阶段性成果。

** 李宝山（1979~），男，山东省海洋资源与环境研究院副研究员，主要研究领域为水产健康养殖。曹体宏（1971~），男，山东省海洋资源与环境研究院工程师，主要研究领域为水产健康养殖。王斌（1980~），男，山东省海洋资源与环境研究院高级经济师，主要研究领域为海洋经济。王际英（1965~），女，山东省海洋资源与环境研究院研究员，主要研究领域为水产健康养殖、水产动物营养与饲料。李培玉（1982~），女，山东省海洋资源与环境研究院副研究员，主要研究领域为水产健康养殖。黄炳山（1967~），男，山东省海洋资源与环境研究院研究员，主要研究领域为水产健康养殖。

山东是海洋大省，海洋经济总产值位居全国前列。2020 年，山东省海洋生产总值为 13187 亿元，占地区生产总值的 18.03%，占全国海洋生产总值的 16.48%。① 海洋渔业是海洋产业的重要组成部分，包括海水养殖、海洋捕捞、远洋捕捞、海洋渔业服务业和海洋水产品加工等生产活动。随着产业的发展，山东省海洋渔业面临着养殖水域生态环境压力趋紧、产业发展不协调不充分问题突出、水产养殖保障措施尚不完善等瓶颈问题。鉴于此，山东省先后制定发布了《山东省养殖水域滩涂规划（2021—2030 年）》②、《山东省"十四五"海洋经济发展规划》③，提出重点发展深远海养殖。近年来，随着"深蓝 1 号""鲁岚渔养 61699""耕海 1 号""国鲍 1 号""管桩围网""长鲸 1 号""经海 001 ~ 004 号"等养殖装备的投入使用，山东省在深远海渔业的发展方面迈出坚实的一步。

按照《山东省养殖水域滩涂规划（2021—2030 年）》，莱州虎头崖至绣针河口（鲁苏交界）之间的海域是山东省重点发展深远海养殖的范围。该海域年温度波动较大，且存在较显著的季节性温跃层。此外，中国深远海养殖产业刚刚起步，养殖品种的研究及实践活动相当缺乏，养殖品种选择的难度非常大。本文提出山东省深远海适养鱼类品种选择的标准，分析了现存及潜在的适养鱼类品种，并介绍了相关养殖技术，以期为山东省深远海养殖产业的发展提供助力。

一 深远海适养鱼类品种选择的标准

（一）适温范围广

山东沿海海域年温度波动大是限制养殖品种选择的主要因素。在目

---

① 《省海洋局召开〈2020 年山东省海洋经济统计公报〉解读发布会》，山东省海洋局网站，http://hyj. shandong. gov. cn/zwgk/fdzdgk/hyzlghyjj/202111/t20211103_376 3716. html，最后访问日期：2021 年 12 月 29 日。

② 《关于印发〈山东省养殖水域滩涂规划（2021—2030 年）〉的通知》，山东省人民政府网，http://www. shandong. gov. cn/art/2021/8/11/art_100152_10294048. html？xxgkhide = 1，最后访问日期：2021 年 12 月 30 日。

③ 《山东省人民政府办公厅关于印发山东省"十四五"海洋经济发展规划的通知》，山东省人民政府网，http://www. shandong. gov. cn/art/2021/12/22/art_100623_3960 2. html，最后访问日期：2021 年 12 月 29 日。

前的技术水平下，大黄鱼、石斑鱼、卵形鲳鲹等国内主要海水养殖鱼类均不适宜在山东周年养殖，而鲆鲽鱼类受体型和生活习性所限，也不适宜深远海养殖。因此，山东深远海养殖适养品种选择的首要条件是适温范围要广。

（二）生长速度快

受自然条件所限，山东深远海养殖鱼类的年适宜生长时间为 5～7 个月。因此必然要求养殖鱼类在适宜的水温和水质条件下能快速生长，尽可能在一个适养周期内达到上市规格。

（三）抗应激能力强

深远海海域海况复杂，且是在有限的水体内养殖大量的生物，养殖生物对环境、对其他养殖生物存在较大的应激；由于目前的投喂技术基本是通过汽传动水面投喂，养殖鱼类需要从水底上浮至水面进行摄食，鱼体对水压力变化的应激也很大；此外，深远海海域气象变化较大，低气压、台风等极端恶劣天气也不适宜投喂，养殖鱼类可能会连续几天不能摄食，这也会给养殖鱼类带来应激。所以深远海养殖鱼类必然要具备较强的抗应激能力。

（四）产品差异大

深远海养殖资金投入大、养殖数量多，养殖品种应与近海或陆基养殖品种不同，或养殖产品具有较大的差异，产品品质有显著提升，这样才能充分发挥深远海养殖的优势，取得较好的经济效益。

（五）市场成熟度高

深远海养殖体量大，养殖鱼类集中上市难免会造成市场波动，直接影响经济效益。这就要求选择市场成熟度相对较高的品种，或者选择特色鲜明、消费者接受度高的品种。

（六）优质种苗来源稳定

深远海海域环境较为复杂，适宜养殖规格相对较大的鱼种，从而提高养殖成活率并缩短海上生长时间，提高养殖经济效益。稳定充足的优质种苗来源是进行大规格苗种培育的基础。因此在选择深远海养殖鱼类品种时要考虑目前育苗技术已经获得突破，并且正在进行优良品种选育的种类。

（七）配合饲料开发度高

深远海养殖体量大，对投入品的数量和质量要求非常高，这也是深远海养殖主要的经营成本之一。优质充足的配合饲料不仅能提高养殖鱼类的生长速度和机体免疫能力，提高鱼类成活率，降低养殖成本；而且能减轻养殖对环境造成的负担，保障深远海养殖的可持续发展。深远海养殖鱼类对配合饲料中能量、功能性饲料添加剂的需求明显高于陆基、近海养殖鱼类。因此，在发展深远海养殖、优化养殖品种的同时，配合饲料的开发工作也至关重要。

二　山东深远海现存及潜在的适养鱼类品种

（一）许氏平鲉

许氏平鲉又名黑鱼、黑鲪，是中国黄渤海水域土著鱼类品种，具有适温范围广、摄食凶猛等特点[①]，是韩国第二大近海网箱养殖鱼类。许氏平鲉能在自然海域内周年生长（最适生长温度为 12～25℃），且规模化苗种繁育技术已经取得突破[②]，且正在进行其营养需求及配合饲料的开发工作。研究表明，在养成阶段，许氏平鲉配合饲料中粗蛋白和粗脂肪的适宜含量分别为 40%～45% 和 14%～19%[③]，但在深远海养殖条件下，适当提高粗脂肪含量可能会提高饲料的利用效率。该鱼也存在较大缺点，这些缺点限制了其作为适养品种的发展前景：一是该鱼在自然海域中资源量相对较多、商品差异化不大、市场竞争力不强；二是该鱼生长速度较慢，在近海网箱中全周期养殖需要 2 年以上才能达到上市规格，

[①] 李宝山、王际英、王成强等：《许氏平鲉配合饲料的研究进展及产业发展现状》，《水产研究》2019 年第 2 期。

[②] 汪志清、栾凯、郑德斌：《许氏平鲉人工苗种培育高产稳产关键技术》，《特种经济动植物》2018 年第 12 期。

[③] S. M. Lee, I. G. Jeon, J. Y. Lee, "Effects of Digestible Protein and Lipid Levels in Practical Diets on Growth, Protein Utilization and Body Composition of Juvenile Rockfish (Sebastes Schlegeli)," *Aquaculture* 211 (2002): 227 - 239.

养殖风险及成本较高。① 采用深远海（接力）养殖能缩短养殖时间，提高产品品质。

作为目前山东深远海养殖鱼类的首选品种，许氏平鲉宜采用接力养殖模式进行养殖，以充分发挥深远海养殖的优势。2021年春，"经海001号"进行许氏平鲉的接力养殖，投放规格250克左右的许氏平鲉幼鱼，当年养成上市，养殖周期较近岸网箱养殖缩短了半年，取得了较好的养殖效益。

（二）鲑鳟鱼

鲑鳟鱼是鲑鱼和鳟鱼的统称，是世界性的冷水性鱼类。其中养殖量最大的是大西洋鲑和虹鳟鱼。大西洋鲑是目前世界上最主要的养殖鱼类品种之一，也是目前人工养殖产量最高的冷水性鱼类。② 大西洋鲑经济价值高、生长速度快、抗病力强、易于集约化养殖、市场接受度高，适合在山东深远海养殖，也是最具发展潜力的深远海养殖品种。国外关于大西洋鲑营养需求及配合饲料的研究已相对成熟，且开发出适宜其深远海养殖的高能低氮饲料。近年来，国内企业开始养殖大西洋鲑，但养殖规模不大，且苗种（受精卵）基本来自国外，技术壁垒较高。此外，目前国内大西洋鲑的深远海养殖刚刚开始，尚未完成一个完整的养殖周期，许多技术问题和难题尚未被发现和解决。虹鳟鱼能较好地适应盐度的变化，也适宜在山东深远海养殖③，但由于市场价值较低，养殖经济效益不高。但总体上鲑鳟鱼类生长的适宜水温相对较低，能否在深海度过高温期尚未可知。此外，三文鱼还面临着外来物种逃逸和入侵的生物风险，需谨慎对待。

（三）斑石鲷

斑石鲷，俗称斑鲷，属温热带鱼类，主要分布于中国黄海以南、日本、朝鲜等海域，自然海域内基本没有盛渔期。该鱼市场认可度高，经

---

① 徐国成、李建军、李信书等：《许氏平鲉近海网箱养殖技术》，《水产养殖》2018年第6期。

② 胡红浪：《挪威大西洋鲑良种选育的发展历程》，《中国水产》2003年第6期。

③ 杨静雯、杨小刚、黄铭等：《盐度变化对虹鳟和硬头鳟抗氧化酶活性的影响》，《中国海洋大学学报》（自然科学版）2021年第6期。

济价值非常高。斑石鲷的规模化繁育技术已于2014年获得了突破，且该鱼对配合饲料的接受度高，饲料转化率高。[1] 目前山东已有企业在进行斑石鲷的深远海养殖，但由于该鱼对生长温度要求较高，故在山东省只适宜接力养殖。

（四）花鲈

花鲈，又名花寨，是山东近海土著鱼种之一。花鲈是目前山东近海养殖鱼类的主要品种之一，其产量虽然从2009年的25111吨下降到2020年的15781吨，但仍然是山东第二大海水养殖鱼类。[2] 在近岸网箱养殖中，花鲈可以自然越冬和度夏，且生长迅速，最大鱼体可达15千克，市场认可度高，因此较为适宜进行深远海养殖。[3] 采用大规格鱼种接力养殖的方式，能极大地提高养殖效率。此外，关于花鲈营养需求及配合饲料的研究已较为充分[4]，可为产业发展提供充足的优质投入品。但是，随着中国北方花鲈苗种的大量推广养殖，中国不同地区花鲈群体种质愈加不清晰[5]，兼之种质退化、疾病暴发、市场价值不高等，限制了花鲈健康养殖产业的发展。

（五）黄条鰤

黄条鰤，又名黄尾鰤，在中国渤海、黄海、东海均有分布，其生长速度快、体型大，是暖温型肉食性鱼类，也是制作生鱼片的上佳鱼类，经济价值较高。2017年，中国黄条鰤人工繁育技术获得重大突破，培育

---

[1] 高小强、洪磊、黄滨等：《斑石鲷种苗繁育与养殖技术研究进展》，《水产研究》2018年第2期。

[2] 农业部渔业局编制《2010中国渔业统计年鉴》，中国农业出版社，2010，第25页；农业农村部渔业渔政管理局、全国水产技术推广总站、中国水产学会编制《2021中国渔业统计年鉴》，中国农业出版社，2021，第22页。

[3] 李大海、潘克厚、刘光胜等：《海上网箱越冬花鲈大批死亡探因》，《水产科学》2003年第6期。

[4] 田源、温海深、李吉方等：《不同饵料组成对花鲈幼鱼生长和生理活性影响研究》，《海洋科学》2017年第4期；常青、梁萌青、王家林等：《花鲈对不同饲料原料的表观消化率》，《水生生物学报》2005年第2期。

[5] 张凯强、陈葆华、于朋等：《花鲈不同养殖群体的遗传结构分析》，《渔业科学进展》2021年第6期。

出大规格苗种 23000 多尾。[1] 有研究表明，黄条鰤特别适合深水大网箱养殖，中国北方地区采用"陆海接力养殖模式"，在仅 5 个月的适养期内，体重可增加 2000～3000 克。[2] 因此，黄条鰤也是较为适宜山东深远海养殖的鱼类品种之一。

（六）大泷六线鱼

大泷六线鱼，又名欧氏六线鱼，俗称黄鱼，是分布于山东辽宁等地近海的冷温性鱼类（适宜生长温度为 2～26℃），市场接受度较高。国内关于大泷六线鱼繁育的研究始于 20 世纪 90 年代，目前已形成了较为成熟的繁育技术。[3] 大泷六线鱼的生物学性状与许氏平鲉类似，也是山东深远海养殖的适宜品种之一。但大规模的大规格苗种供给尚存在一定问题，限制了其在深水网箱中的养殖前景。

（七）红鳍东方鲀

红鳍东方鲀，又名黑艇鲅，是一种大型暖温性肉食鱼类，体重可达 10 千克以上。红鳍东方鲀是中国重要的名贵经济鱼类，产品价值较高。21 世纪初，中国已经突破了红鳍东方鲀的苗种繁育技术[4]，但由于品种的特殊性，2016 年 9 月，农业部办公厅会同国家食品药品监督管理总局办公厅发布了《关于有条件放开养殖红鳍东方鲀和养殖暗纹东方鲀加工经营的通知》[5]，提出养殖的河鲀经具备条件的农产品加工企业加工后方可销售，为红鳍东方鲀上市流通发放了资质，扩大了市场容量。目前国内外正在进行红鳍东方鲀营养需求研究工作，但数据并不十分完善，生

---

① 徐永江、张正荣、柳学周等：《黄条鰤早期生长发育特征》，《中国水产科学》2019 年第 1 期。
② 柳学周：《黄条鰤人工繁育技术取得重大突破》，《海洋与渔业》2017 年第 8 期。
③ 郭婷、宋娜、刘淑德等：《大泷六线鱼放流群体与野生群体遗传多样性比较》，《水产学报》2020 年第 12 期。
④ 王茂林、姜志强、李荣：《红鳍东方鲀三倍体诱导的初步研究》，《水产科学》2006 年第 7 期。
⑤ 《农业部办公厅、国家食品药品监督管理总局办公厅关于有条件放开养殖红鳍东方鲀和养殖暗纹东方鲀加工经营的通知》（农办渔〔2016〕53 号），农业农村部网站，http://www.moa.gov.cn/nybgb/2016/dishiqi/201711/t20171126_5919593.htm，最后访问日期：2021 年 12 月 20 日。

产饵料正在由鲜杂鱼向配合饲料过渡。但受自然条件所限，红鳍东方鲀在山东深远海的养殖只能采用接力方式进行。

（八）鲆鲽鱼类

鲆鲽鱼类是山东主要的海水养殖鱼类，2020 年养殖产量接近 12 万吨，主要品种有大菱鲆、牙鲆、半滑舌鳎、圆斑星鲽等，主要养殖方式为工厂化车间养殖。鲆鲽鱼类均属底栖鱼类，不能充分利用深远海网箱养殖水体，且对投喂技术要求较高。因此在目前的装备条件下，鲆鲽鱼类不适宜在深远海养殖。

（九）其他鱼类

大黄鱼、黑鲷、石斑鱼、美国红鱼、军曹鱼、卵形鲳鲹等鱼类是中国南方海水养殖的主要品种。一方面，这些品种养殖量大，市场竞争激烈，经济价值不高；另一方面，受自然条件所限，这些品种在山东深远海适宜的养殖时间仅为 5 个月左右，养殖活动的可持续性不强。绿鳍马面鲀也是中国北方土著鱼种之一，目前该鱼繁育技术已得到突破，但该鱼生长速度较慢、体型较小，不太适宜进行深远海养殖。

三　深远海养殖策略

中国东部及南部沿海具备发展深远海养殖得天独厚的自然条件，但山东在海洋装备制造、海洋科学研究、海水养殖等方面的基础深厚。采取合适的养殖策略，能充分发挥该省海洋产业优势，取得较好的经济和社会效益。

（一）接力养殖

受自然条件所限，目前大多数海水养殖品种不适宜在山东深远海进行周年养殖，但采取"陆海接力养殖"或"南北接力养殖"，可扬长避短、事半功倍，并可分摊养殖风险，提高经济效益。目前在中国北方开展陆海接力养殖的品种有许氏平鲉、黄条鰤、红鳍东方鲀[1]、花鲈、斑石鲷、云

---

① 刘超：《四种海水鱼陆海接力养殖设施与工艺的试验研究》，硕士学位论文，上海海洋大学，2015，第 46~48 页。

纹石斑鱼①等。其基本流程是：首先，在陆地进行工厂化车间繁育及标苗工作；然后，在陆地池塘或工厂化车间内度过第一个冬天；最后，待海域水温合适后，转移至深水网箱进行养殖。接力养殖涉及繁育、标苗、运输、养殖等诸多环节，对技术的要求较高。采用南北接力养殖较为成功的品种为鲍鱼、刺参，目前也有企业在实验石斑鱼的南北接力养殖。

（二）养大规格鱼类

深远海养殖投入大、风险高，必然要求养殖产品具有较高的经济价值。深远海水质优良，适宜鱼类的快速生长，且出于消费习惯，大规格鱼类的价格相对较高。因此，充分利用深远海优质的养殖条件，养殖大规格的鱼类，能显著提高经济效益。

（三）养功能性鱼类

某些鱼类的某些组织具有较高食用或药用价值，但这些组织的生长需要较好的养殖条件，如斑石鲷的皮肤、鲈鱼的鱼鳔等，尤其是鲈鱼的鱼鳔是顶级的"花胶"，具有很高的食用药用价值。因此，充分利用深远海优质的养殖条件，养殖功能性鱼类，能显著提高经济效益。

四　深远海养殖配套技术需求

深远海养殖是一项综合性的、技术集成化程度非常高的产业，其产业的发展离不开良种选育、配合饲料开发、疾病防控、产品加工等相关产业的发展，也离不开投喂技术、市场推广等相关工作的进行。

挪威是世界上深远海养殖最为成功的国家，大西洋鲑是世界上养殖最为成功的深远海养殖品种。挪威从 20 世纪 70 年代早期就开始进行大西洋鲑的良种选育、配合饲料开发研制工作，目前已形成了涵盖繁殖、育种、养殖、饲料、疾病、加工、装备等方面的一整套技术体系且在不断深入研究。② 其相关工作历程可为山东深远海适养品种的选择提供一定的借鉴。

---

① 黄滨、关长涛、梁友等：《北方海域云纹石斑鱼的陆海接力高效养殖试验》，《渔业现代化》2013 年第 2 期。

② 刘翀、刘晃、刘兴国等：《挪威大西洋鲑养殖业可持续发展对中国水产养殖产业的借鉴》，《渔业信息与战略》2021 年第 3 期。

（一）良种选育

由于山东乃至全国海水鱼类养殖产业发展的特殊性，国内许多优良的海水经济鱼类的种质退化严重，而现有的土著品种又因性状不良，不太适宜在山东进行深远海养殖。因此，良种选育是山东深远海养殖的首要工作。良种的选育"宜精不宜多"，优选一个或几个品种，选育的技术路线可以借鉴挪威大西洋鲑的选育技术路线[1]，也可以利用现代生物学技术[2]。许氏平鲉、大泷六线鱼、花鲈是山东海域的土著品种，适温范围广是其非常优良的性状，在此基础上选育生长速度快、抗病能力强的优良新品种[3]，能加快山东深远海养殖产业的发展。红鳍东方鲀也是山东深远海养殖的优质备选品种之一，其良种选育工作基础较好[4]，具有较大的发展潜力，可重点进行研发。黄条鰤和鲑鳟鱼类都属于大型鱼类，是制作生鱼片的优良原材料，市场接受度和经济价值均较高，可作为山东深远海养殖重点发展的品种。黄条鰤的育苗技术虽然获得突破，但仍需进行良种选育，一方面保证原生种质不退化，另一方面突出其耐低温等优良性状，延长海上适养时间。大西洋鲑原产于大西洋北部，国内目前尚不具备开展大西洋鲑良种选育工作的条件，而挪威等国已禁止亲体的出口，只能以受精卵或仔稚鱼的形式进行交易，故中国大西洋鲑良种选育的工作任重而道远。2021 年，中国淡水鳟鱼的养殖产量已超过 37000 吨[5]，

[1] 徐国成、李建军、李信书等：《许氏平鲉近海网箱养殖技术》，《水产养殖》2018 年第 6 期。

[2] 鲁翠云、匡友谊、郑先虎等：《水产动物分子标记辅助育种研究进展》，《水产学报》2019 年第 1 期。

[3] 杨艳平、温海深、何峰等：《许氏平鲉精巢的形态结构与发育组织学》，《大连海洋大学学报》2010 年第 5 期；温海深、王连顺、牟幸江等：《大泷六线鱼精巢发育的周年变化研究》，《中国海洋大学学报》（自然科学版）2007 年第 4 期；张春丹、李明云：《花鲈繁殖生物学及繁育技术研究进展》，《宁波大学学报》（理工版）2005 年第 3 期。

[4] 王茂林、姜志强、李荣：《红鳍东方鲀三倍体诱导的初步研究》，《水产科学》2006 年第 7 期；王新安、马爱军、庄志猛等：《红鳍东方鲀体型性状选育指标的综合判定》，《渔业科学进展》2012 年第 6 期。

[5] 农业农村部渔业渔政管理局、全国水产技术推广总站、中国水产学会编制《2021中国渔业统计年鉴》，中国农业出版社，2021，第 22 页。

产业转型升级压力巨大。通过良种选育选择适宜在深远海养殖的新品种，生产适宜制作生鱼片的海水鳟鱼，能形成差异化的产品，提高产品附加值和经济效益。

（二）配合饲料开发

适养品种配合饲料的开发是深远海养殖发展的重要保障，相较于良种的选育工作，许氏平鲉、花鲈、红鳍东方鲀配合饲料的开发工作进展较快，但仍与产业的发展速度不相匹配。到目前为止，关于许氏平鲉①、花鲈②、红鳍东方鲀③对部分营养素的需求已有报道，为配合饲料的开发奠定了基础。目前国内黄条鰤和大西洋鲑养殖量较少，尚未开展黄条鰤营养需求及配合饲料开发的工作，而国外大西洋鲑配合饲料的开发已相当成熟。此外，目前国内关于相关养殖品种营养需求的数据基本来源于实验室，而深远海海域海况条件较为复杂，加之水温相对偏低，故养殖鱼类对配合饲料中营养素的需求及对饲料原料的利用率可能与已报道的数据差异较大。因此，需要在选定适养品种的基础上，尽快开展深远海养殖鱼类配合饲料的开发工作。

（三）疾病防控

深远海养殖生物量大、海域条件复杂，因此疾病防控是养殖成功的重要保障。关于提高养殖鱼类疾病抵抗能力的途径主要有两种：一种是通过在配合饲料中添加各种免疫增强剂，从而提高鱼体本身的非特异性免疫能力或抗应激能力④；另一种是通过使用疫苗，提高鱼体免疫某种疾病的能力⑤。目前，多（低聚）糖、中草药、维生素等免疫增强剂已

① 李宝山、王际英、王成强等：《许氏平鲉配合饲料的研究进展及产业发展现状》，《水产研究》2019 年第 2 期。
② 马文羽、苗玉涛：《花鲈营养饲料研究进展》，《广东饲料》2019 年第 4 期。
③ 张庆功、王建学、卫育良等：《红鳍东方鲀幼鱼赖氨酸需求量的研究》，《动物营养学报》2020 年第 2 期。
④ 王桂芹、周洪琪：《鱼类免疫增强剂的研究现状》，《吉林农业大学学报》2005 年第 3 期。
⑤ 姚海静、韩高尚、高迎莉：《鱼类疫苗浸泡免疫策略优化的研究现状》，《海洋科学》2020 年第 10 期。

普遍应用于水产养殖中①，并取得了较好的使用效果。因此，应针对山东深远海养殖情况，筛选适宜的免疫增强剂。中国水产疫苗的研发工作始于 1986 年，目前已成为中国鱼类养殖业转型升级的重要支撑。② 山东深远海养殖刚刚起步，海域中主要的病原尚不明确，因此开发相应疫苗的条件尚不成熟。但可借鉴近海或陆基养殖中常见病原进行相关疫苗开发的准备工作。

（四）产品加工

深远海养殖体量大，养殖鱼类集中上市会对市场产生较大影响，且初级产品销售不能体现产品的价值。因此，在发展深远海养殖的同时，需注重配套的产品深加工产业，例如活鱼快运、低温冷藏、组织分离、功能性物质的提取与保存、加工下脚料和废弃物的综合利用等。近十年来，中国水产品加工技术及产业得到长足的进步③，但精深加工技术的产业化仍然面临很多困难。优质产品的精深加工、提高产品附加值是山东深远海养殖发展的必然选择。

（五）投喂技术

投喂技术是深远海鱼类养殖的关键技术之一，主要包含投喂策略和投喂方式两个部分。投喂策略是指投喂的时间、投喂量及投喂频率，投喂方式是指采用水面投喂或水下投喂。采用科学的投喂技术能大幅提高配合饲料的利用率，减少鱼体应激。深远海养殖鱼类数量多，种群内摄食竞争激烈，且由于养殖水深较深，鱼类摄食前后所受水压力的变化较大，因此对其投喂技术提出较高的要求。一般情况下，深远海养殖的鱼类规格较大，日投喂 1～2 次为佳，投喂量可达预估鱼体总重的 5%，投

---

① 王玉堂：《鱼类免疫增强剂的种类及研究进展（一）》，《中国水产》2017 年第 11 期。

② 姚海静、韩高尚、高迎莉：《鱼类疫苗浸泡免疫策略优化的研究现状》，《海洋科学》2020 年第 10 期；马悦、张元兴、雷霁霖：《疫苗：我国海水鱼类养殖业向工业化转型的重要支撑》，《中国工程科学》2014 年第 9 期。

③ 蓝蔚青、杨歆、梅俊等：《噬菌体在水产品安全控制中的应用研究进展》，《上海海洋大学学报》2021 年第 1 期；朱士臣、陈小草、柯志刚等：《低温等离子体技术及其在水产品加工中的应用》，《中国食品学报》2021 年第 10 期。

喂时间宜与养殖鱼类的设施高峰相对应。目前多采用空气传动式的水面投喂，但在这种投喂方式下，养殖鱼类需从水底上浮十几米（1个多大气压）进行摄食，压力的集聚变化对鱼体的生理影响很大。目前水下投喂技术是发展的方向之一，但该技术对装备的要求较高，应用不太广泛。采用水面投喂时，在投喂开始时，可采用物理的手段将鱼群缓慢吸引至水面后再进行投喂，投喂配合饲料的颗粒要与鱼体大小相匹配。

（六）市场推广

水产品是人类优质的蛋白质来源，中国水产品养殖产量已连续多年占据世界第一，养殖产量过万吨的海水鱼类超过 10 种。因此，必须将深远海养殖鱼类进行标签化，使之形成产品差异化，从而提高产品的附加值和经济效益。在市场推广方面，可借鉴挪威推广大西洋鲑的经验。例如，通过各种方式引领饮食新风尚，将"营养、安全、美味"与深远海养殖产品相结合，提高产品的市场认可度和市场容量。

深远海养殖的健康发展，离不开陆地基地的支持。只有建立起陆地工厂化或池塘种质选育、苗种繁育、大规格苗种培育等产业链条，才能为深远海养殖提供充足的养殖鱼类。活鱼运输技术也是需要攻克的难关之一。

此外，死鱼、残饵、粪便引起的环境污染问题也需引起重视。在产业发展初期，养殖造成的污染可能会被海洋自我修复，但随着产业的发展和养殖容量的扩大，养殖污染必然会引起重视。挪威采取的发放养殖牌照制度值得我们借鉴。

五 展望

山东深远海养殖产业刚刚起步，适养品种的选择更加困难。目前条件下，建议以本地土著品种如许氏平鲉、大泷六线鱼、红鳍东方鲀为主，从长远发展来看，应重点发展名特优品种，如大西洋鲑、大规格鲈鱼、黄条鰤等。但无论是哪个品种，目前国内对其种、饵、病、加工的研究都十分缺乏。良种选育、配合饲料开发、疾病防控、产品加工是发展深远海养殖必不可少的环节。此外，在产业发展的同时，需要展示产品的差异性，提高产品的市场接受度，提高养殖产品的经济价值。

虽然山东深远海适养鱼类品种的选择面临种种困难，但省市两个层面已经开始行动起来，从良种选育、配合饲料开发、疾病防控、产品加工等方面开始攻关。相信随着研究的深入，深远海养殖产业会有突飞猛进的发展。

Selection of Suitable Cultured Fish Species for Deep-sea Aquaculture in Shandong Province

Li Baoshan, Cao Tihong, Wang Bin, Wang Jiying, Li Peiyu, Huang Bingshan

(Shandong Marine Resources and Environment Research Institute,

Yantai, Shandong, 264006, P. R. China)

Abstract: Shandong is one of big marine provinces of China, and is striving to become a strong marine province. The construction of marine ranching and marine equipment manufacturing industry in Shandong Province are at the forefront of the country. Deep-sea aquaculture is an important part of marine economy in Shandong Province, and it is also an important measure to optimize the spatial layout of mariculture and promote the transformation and upgrading of mariculture. In recent years, many deep-sea aquaculture equipments in Shandong Province have been put into use, and the lack of suitable cultured fish species has become a bottleneck problem restricting industrial development. The latitude of Shandong Province is high, the annual fluctuation of sea water temperature is between $15 - 24$ ℃, and the requirements for suitable varieties are high. In order to provide help for the development of deep-sea aquaculture in Shandong Province, the selection criteria for suitable cultured fish species were put forward, existing and potential suitable cultured fish species were analyzed, relevant technical requirements were pointed out, and relevant aquaculture technology were introduced in this paper.

Keywords: Deep-sea Aquaculture; Marine Economy; Breeding Varieties; Suitable Temperature Range; Growth Rate

（责任编辑：孙吉亭）

现代海洋产业体系理论探析
及山东的发展对策

牟秀娟　倪国江　王　琰*

摘　要　构建现代海洋产业体系，是发展现代产业体系的重要内容，也是山东建设海洋强省的重点任务。本文基于现代海洋产业体系本质内涵、基本特征和影响因素等基本理论问题的探讨，结合海洋资源环境禀赋、海洋高端资源要素建设、海洋产业竞争力培育、海洋产业开放合作现状分析，针对海洋空间利用、海洋产业主攻方向、海洋产业链、动力体系建设、海洋产业关联协同等存在的问题，围绕打造现代海洋产业链、供应链和推动海洋经济高质量发展，提出山东发展现代海洋产业体系的对策建议：优化海洋产业空间布局、聚力突破重点海洋产业、夯实支撑引领动力系统、促进产业联动融合发展、拓展海洋产业发展空间。

关键词　现代海洋产业体系　海洋大省　海洋强省　海洋经济　海洋资源

---

* 牟秀娟（1980～），女，硕士，青岛海洋地质工程勘察院、山东省海岸带评价与规划工程技术协同创新中心高级工程师，主要研究领域为海洋空间规划、区域海洋经济发展。倪国江（1972～），男，博士，中国海洋大学海洋发展研究院研究员，主要研究领域为海洋经济高质量发展、海洋空间规划。王琰（1990～），女，硕士，青岛海洋地质工程勘察院、山东省海岸带评价与规划工程技术协同创新中心工程师，主要研究领域为海洋资源管理、海洋空间规划。

发展现代海洋产业体系，是落实国家和山东省"十四五"规划和2035年远景目标纲要关于发展现代产业体系战略部署的必然要求①，也是加快推进山东海洋强省建设的重点任务，更是山东发挥海洋优势深度融入和服务新发展格局的战略举措。山东作为海洋大省，海洋产业发展具有国内领先优势，现代海洋产业体系正处于孕育形成阶段，但发展进程面临诸多问题和挑战。围绕促进海洋经济高质量发展，研究探讨基于海洋强省目标的山东发展现代海洋产业体系实践路径，对巩固提升山东海洋经济实力、打造国内海洋产业高质量发展新标杆及增强海洋产业国际竞争力具有重要意义。

从文献资料看，关于现代海洋产业体系的研究起步较晚，研究成果较少。袁小霞、黄蔚艳针对水产业体系、现代海洋产业服务体系进行了探讨，从时间维度看，此为现代海洋产业体系研究的初期成果。② 姚远等人结合国家现代产业体系发展导向，针对特定区域提出构建现代海洋产业体系的对策建议。③ 杨娟首次从理论的视角分析了现代海洋产业体系的内涵及包括质量提升、空间拓展、陆海产业联动在内的发展路径④；于会娟提出从要素禀赋升级、改造传统海洋产业、培育海洋战略性新兴产业、大力发展海洋现代服务业、升级海洋产业价值链以及优化海洋产业区域布局等方面着

① 《中华人民共和国国民经济和社会发展第十四个五年规划和2035年远景目标纲要》，国家发展和改革委员会网站，https://www.ndrc.gov.cn/xxgk/zcfb/ghwb/202103/P020210323538797779059.pdf，最后访问日期：2021年11月6日；《山东省国民经济和社会发展第十四个五年规划和2035年远景目标纲要》，山东省发展和改革委员会网站，http://fgw.shandong.gov.cn/art/2021/4/30/art_250630_10338909.html，最后访问日期：2021年11月6日。

② 袁小霞：《现代海洋水产业体系解析》，《中国海洋大学学报》（社会科学版）2007年第6期；黄蔚艳：《现代海洋产业服务体系的构建研究》，《经济社会体制比较》2009年第3期。

③ 姚远、邓爱红、张淑芳：《建设湛江现代海洋产业体系的对策研究》，《河北渔业》2011年第2期；宋军继：《山东半岛蓝色经济区构建现代海洋产业体系的对策研究》，《山东社会科学》2011年第9期；蔡勇志：《构建现代海洋产业体系 建设海峡蓝色经济试验区》，《中共福建省委党校学报》2012年第12期；刘波、陈丽：《江苏省现代海洋产业体系及发展路径研究》，《资源开发与市场》2016年第7期。

④ 杨娟：《现代海洋产业体系内涵及发展路径研究》，《商业研究》2013年第4期。

手，推动现代海洋产业体系的形成与发展①；盛朝迅等认为，要按照"培育高端要素—构建协同机制—优化发展环境—促进四个协同—推动海洋产业结构高级化和产业高质量发展"的思路，加快构建现代海洋产业体系②。

综上，目前针对现代海洋产业体系构建已形成一定的理论成果，并结合相关区域进行了发展策略分析，具有良好的理论与实践价值，但在理论分析的系统性和新形势下省域层面的发展对策分析上仍显不足。本文通过分析现代海洋产业体系的本质内涵、基本特征和影响因素，深化对现代海洋产业体系的理论认识，并以此为指导，基于山东发展现代海洋产业体系的基础条件和主要问题，提出符合山东实际的发展路径，有助于弥补现有研究的缺失，还可为政策制定和科学决策提供借鉴参考。

一 对现代海洋产业体系的理论认识

现代海洋产业体系由现代产业体系这一概念衍生而来，是现代产业体系的基本组成单元，同时因海洋空间的广博深厚且日益凸显的经济价值而具备较强的特质性和独立性，有必要从理论层面加以探讨和厘清，形成较清晰的理论认知。

（一）现代海洋产业体系的本质内涵

现代产业体系在党的十七大报告中首次提出，是中国语境下的一个概念，出自决策层对现实经济发展取向的思考③；在党的十八大报告、党的十九大报告、国家"十四五"规划和2035年远景目标纲要中进一步沿用并深化阐述④。发展现代产业体系，是中国政府基于国内外政治

① 于会娟：《现代海洋产业体系发展路径研究——基于产业结构演化的视角》，《山东大学学报》（哲学社会科学版）2015年第3期。
② 盛朝迅、任继球、徐建伟：《构建完善的现代海洋产业体系的思路和对策研究》，《经济纵横》2021年第4期。
③ 刘钊：《现代产业体系的内涵与特征》，《山东社会科学》2011年第5期。
④ 胡锦涛：《胡锦涛在中国共产党第十八次全国代表大会上的报告》，人民网，http://cpc.people.com.cn/n/2012/1118/c64094-19612151.html，最后访问日期：2021年11月12日；习近平：《中国共产党第十九次全国代表大会在京开幕》，人民网，http://cpc.people.com.cn/19th/n1/2017/1019/c414305-29595273.html，最后访问日期：2021年11月12日。

经济环境演化长期态势对国内产业转型升级做出的总体战略部署和发展导向。顺应发展现代产业体系及开发海洋和发展海洋经济的时代潮流，作为现代产业体系中具有显著特质性的分支经济系统，现代海洋产业体系这一概念便应运而生。

海洋产业是指开发、利用和保护海洋的各类产业活动以及与之相关联活动的总和，海洋产业体系则是所有海洋产业部门相互关联、融合形成的集成系统。现代海洋产业体系是有别于传统海洋产业体系的新型海洋产业组织形态，是中国积极应对传统海洋产业体系面临的资源环境约束加剧、低端产能过剩、市场竞争力弱化、发展动力不足等内在问题，以及全球技术和产业革新步伐加速、国际技术和贸易壁垒增强等外部挑战而推出的海洋产业整体转型发展战略举措。

现代海洋产业体系作为现代产业体系的分支部门，虽在空间、资源、创新、市场等产业发展要素上具有差异性，但其本质内涵与现代产业体系并无区别。关于现代产业体系的内涵，有以下表述：现代产业体系是与国际产业发展相衔接的产业链完整、优势集聚、竞争力强的产业系统①；现代产业体系是新型工业、现代服务业和现代农业互相融合、协调发展的系统②；现代产业体系是代表生产、流通、组织与技术等未来发展方向的有国际竞争力的新型产业体系③。党的十九大报告提出，"着力加快建设实体经济、科技创新、现代金融、人力资源协同发展的产业体系"。④ 可见，现代产业体系在本质内涵上具有产业内部延展性提升、产业间关联融合、支撑体系完备、产业集群集聚、市场主体活跃等表征。鉴于此，可将现代海洋产业体系理解为要素利用高端集约、产业集群融合、可持续性强的现代化开放型海洋产业系统，其内涵体现为：一是资源要素如原材料、人才、资金、技术、信息、制度等高级化且统筹协调，

---

① 向晓梅：《着力构建现代产业体系》，《港口经济》2008 年第 9 期。

② 陈建军：《关于打造现代产业体系的思考——以杭州为例》，《浙江经济》2008 年第 17 期。

③ 芮明杰：《构建现代产业体系的战略思路、目标与路径》，《中国工业经济》2018 年第 9 期。

④ 《习近平：决胜全面建成小康社会 夺取新时代中国特色社会主义伟大胜利——在中国共产党第十九次全国代表大会上的报告》，中国政府网，http://www.gov.cn/zhuanti/2017-10/27/content_5234876.htm，最后访问日期：2021 年 11 月 12 日。

资源利用低端化、高耗费、低效率的局面得到根本改变；二是产业发展区域化、链条化、集群化、融合化，即形成与区域资源环境相协调、高度关联协同、产业链完备、集群集聚发展的特色优势海洋产业群体；三是具备可持续发展能力，表现为高端资源要素供给可持续、产业集群发展可持续、产业竞争力可持续等，可持续是现代海洋产业体系形成和发展的重要标志。

（二）现代海洋产业体系的基本特征

相对于传统海洋产业体系，现代海洋产业体系是与时俱进的新型海洋产业系统，但两者绝非完全割裂和孤立存在，而是具有延续、传承和发展的关系，后者既具有前者的基本属性，也具有明显的自身特征。

1. 部门拓展性

具体体现为产业部门拓展和产业部门内在拓展两个方面。传统海洋产业体系一般由海洋渔业、海洋船舶、海洋交通、海洋化工、滨海旅游等构成，随着技术进步和社会发展，海洋生物医药、海工装备制造、海洋新能源、海洋新材料、海水淡化及综合利用等现代海洋产业部门得到迅速发展且在体系中的地位逐步攀升。产业部门内在拓展表现为产业链的纵向延伸和层级提升，实现由单向的"原材料供给 + 产品生产 + 产品销售"向"研发设计 + 原材料供给 + 产品生产 + 市场营销 + 服务网络 + 信息反馈"的全链条闭环发展。

2. 要素高端性

不同于传统海洋产业体系高度依赖自然资源环境和低端劳动力资源，现代海洋产业体系的形成和发展是资源要素高级化、资源要素高效集约利用和产业部门升级迭代的结果，高素质的人力资源、高水平的技术装备、完备的投融资体系、现代化的管理制度等先进资源要素的集成高效应用，使得对传统低端资源要素的依赖大大降低，进而推动海洋产业实现转型发展和系统性升级。

3. 产业融合性

无论是传统海洋产业体系还是现代海洋产业体系，其构成部门间都具有程度不同的关联融合发展特征，如海洋捕捞给船舶制造维修、金融保险等带来发展机会，海上交通运输促进船舶制造、港口物流贸易等的发展，滨海旅游则带动吃、住、行、娱等多个行业。而现代海洋产业体系由于具有高复杂性、高科技性和高投入性，对资源要素匹配度和配置效率具有更高的要求，促使海洋产业部门间及陆海产业部门间的经济技术联系更为紧密，产业趋向高度关联融合和一体化发展。

4. 生态环保性

是否具有生态环保特征，是判定海洋产业体系归属传统还是现代的一个基本尺度，也是现代海洋产业体系能否实现可持续发展的重要基础。现代海洋产业体系要求将生态环保作为一项基准要求，贯穿产业部门的每个环节，渗透产业链、产业集群的方方面面。这不仅需要各市场主体具备持之以恒的强大意志力，而且需要建立完备的制度措施和技术系统加以保障和监督，才能使生态环保成为引导现代海洋产业体系持续发展的永久动力。

5. 开放合作性

在自给自足的小农经济基础上形成的传统海洋产业体系存在于有限竞争的市场空间，处于内循环、低合作的状态。而随着交通、通信、网络等基础设施的不断改善及工业化、国际化进程的加快，迫于市场激烈竞争的压力和产业升级的需求，区域间协调协作意愿持续增强，开放合作成为区域海洋产业体系由传统向现代变革的必然路径选择。

（三）发展现代海洋产业体系的影响因素

从现代海洋产业体系的内涵特征和发展实践看，其影响因素主要表现为海洋资源环境禀赋、海洋高端资源要素配置能力、产业协同发展能力、海洋产业竞争力等。

1. 海洋资源环境禀赋

海洋资源环境禀赋指特定区域所具备的海洋自然资源丰度和海洋生态环境承载能力。不同区域拥有差异化的海洋资源环境禀赋，会直接影响现代海洋产业体系的构成及不同海洋产业部门在体系中所处的地位，同时会影响现代海洋产业体系的发展层次和质量。在交通、通信、科技等持续进步的背景下，海洋资源环境禀赋的约束程度会得到弱化，但仍难以改变其基础性和主导性作用。

2. 海洋高端资源要素配置能力

海洋高端资源要素包括高层次的平台载体、人力资源、投融资体系、创新网络、产业项目等。不同于传统海洋产业体系高度依赖自然资源要素和低端劳动力资源，现代海洋产业体系的形成与发展始终伴随资源要素投入结构的优化升级，高端资源要素逐步发挥主导性作用。在这个过程中，海洋高端资源要素配置能力决定着区域现代海洋产业体系发展层级，而区位条件、管理体制、配套政策、产业基础、基础设施、开放合作等又会对海洋高端资源要素配置能力产生系统性影响，决定能力的强弱催生了特色各异、层级不同的区域现代海洋产业体系。

3. 产业协同发展能力

现代海洋产业体系尤其强调产业关联、渗透和融合，其形成和发展是海洋、陆地三次产业趋于一体化协同推进的过程，是要素链、创新链、产业链关联耦合的过程，最终形成"你中有我、我中有你、协调协同"的发展格局。因此，布局发展现代特色海洋产业体系，既要考虑特定区域陆域产业发展的现实基础和蕴含潜力，也要考虑该区域海洋产业发展基础及海洋产业间、陆海产业间配套协作能力，依靠陆海产业要素协同、创新协同、产业链协同、政策协同，形成发展合力，提升发展能力，推动建立特色鲜明、耦合协同、可持续的区域优势产业集群。

4. 海洋产业竞争力

在全球化背景下，现代海洋产业体系的发展水平和程度，归根结底取决于海洋产业的国际市场竞争力，这也是实现现代海洋产业体系可持续发展的必要条件。充分发挥资源环境禀赋优势，强化高端资源要素优化配置，促进产业协同融合发展，其目标指向即为打造由多个高市场竞争力海洋产业部门构成的现代海洋产业体系。没有海洋产业部门的高竞争力，就没有海洋产业体系的现代化和可持续发展。以培育壮大竞争优势突出的海洋产业为引领，带动相关配套海洋产业部门的层级提升和融合发展，是打造现代海洋产业体系的现实路径。

二　山东发展现代海洋产业体系的基础条件和主要问题

山东是海洋大省，海岸线长度、海域面积、海岛数量分居全国第三位、第四位、第五位，拥有众多知名海洋科研院所和高层次创新平台，海洋生产总值长期居全国第二位。山东海洋产业门类较全，多个产业部门处于国内领先地位，现代海洋产业体系雏形已显，但仍存在一系列问题亟待破解。

（一）基础条件

山东海洋开发保护走在全国前列，海洋综合优势明显，在海洋资源环境禀赋、海洋高端资源要素建设、海洋产业竞争力培育、海洋产业开放合作等方面具备了发展现代海洋产业体系的良好基础。

1. 海洋资源环境禀赋

山东海洋资源丰度指数居全国第一位。全省管辖海域面积4.73万平方千米，大陆海岸线长3345千米，海岛589个，沙滩123个，面积1平方千米以上的海湾49个；近海蕴藏丰富的油气、海砂、可再生能源等资源，近海栖息和洄游的鱼虾类达260多种，浅海滩涂贝类有百种以上。① 依托海湾、岬角、海滩等优质旅游资源，建有省级及以上滨海旅游度假区21处、4A及以上滨海旅游景区68处。② 建成以青岛港为龙头，日照港、烟台港为两翼，威海港、东营港、潍坊港、滨州港为支撑的全省海港运输体系，沿海渔港总数达245座，其中达到标准及在建的中心渔港11座、一级渔港20座。③ 海洋生态环境良好。海水水质优良面积占比常年保持在90%以上，受风暴潮、台风等重大自然灾害影响较小。

2. 海洋高端资源要素建设

山东是全国海洋科技创新高地，拥有涉海省级及以上科研教学机构55所，建有236个省级及以上海洋科技平台④，初步形成覆盖基础研究、前沿技术、产业关键核心技术和科技成果转化的全链条海洋科技创新平台体系。海洋产业发展投融资体系建设加快推进，省市层面均设立了海

---

① 《山东省人民政府关于〈山东省沿海城镇带规划（2018—2035年）〉的批复》，《山东省人民政府公报》2018年第30期。

② 《山东省A级旅游景区名录》，山东省文化和旅游厅网站，http://whhly. shandong. gov. cn/art/2020/4/24/art_100526_9032316. html？xxgkhide = 1，最后访问日期：2021年11月20日。

③ 《山东省渔港及渔港经济区建设工程规划（2010—2020年）》，360文库网，https://wenku. so. com/d/150e58269f4b6277d802b13b74f3e9be，最后访问日期：2021年11月20日。

④ 《山东托起我国海洋科技半壁江山　高端项目为海洋产业升级提供支撑》，央广网，http://news. cnr. cn/native/city/20200909/t20200909_525247413. shtml，最后访问日期：2021年11月21日。

洋产业发展基金，银行保险、股票债券、私募基金等投融资规模持续扩大。伴随山东半岛蓝色经济区和海洋强省建设的梯次推进，围绕港口基础设施建设、双创平台搭建、产业链拓展提升等，山东实施了一大批重点涉海建设项目。

3. 海洋产业竞争力培育

从国家层面海洋经济发展重大载体建设布局看，山东获批国家级海洋经济创新发展示范城市、国家级海洋经济发展示范区、国家海洋高技术产业基地试点、国家科技兴海产业示范基地的数量均居全国首位，占比依次为20.0%①、21.4%②、37.5%③、16.7%④。从海洋经济规模看，山东连续多年居全国第二位，仅次于广东。2020年山东海洋生产总值近1.32万亿元，占全国总量的16.48%，海洋交通运输、海洋渔业、海洋生物医药、海洋盐业、海洋电力等五大产业部门增加值多年保持全国第一，已形成包括海洋捕捞、海洋渔业、海洋生物制品、海洋生物医药的国内最完备的海洋生物产业链。⑤从海洋产业结构演进看，海洋渔业、海洋交通运输、滨海旅游等传统产业虽仍居主导地位，但海洋生物医药、海工装备、海水淡化等新兴海洋制造业增加值占比逐年提高，受传统海

① 《首批海洋经济创新发展示范城市确定》，自然资源部网站，http://www.mnr.gov.cn/dt/hy/201610/t20161031_2333053.html，最后访问日期：2021年11月21日；《国家海洋局、财政部确定第二批七个海洋经济创新发展示范城市》，自然资源部网站，http://www.mnr.gov.cn/dt/hy/201707/t20170703_2333221.html，最后访问日期：2021年11月21日。

② 《两部门关于建设海洋经济发展示范区的通知》，中国政府网，http://www.gov.cn/xinwen/2018-12/24/content_5351530.htm，最后访问日期：2021年11月21日。

③ 朱彧：《国家发展改革委、国家海洋局联合下发通知》，自然资源部网站，http://www.mnr.gov.cn/dt/hy/201404/t20140429_2332068.html，最后访问日期：2021年11月21日。

④ 王自堃：《全国海洋科技创新大会在京召开》，自然资源部网站，http://www.mnr.gov.cn/dt/hy/201612/t20161214_2333091.html，最后访问日期：2021年11月22日。

⑤ 《2020年山东省海洋经济统计公报》，山东省海洋局网站，http://hyj.shandong.gov.cn/zwgk/fdzdgk/hyzlghyjj/202111/P020211103392977885490.pdf，最后访问日期：2021年11月22日。

洋产业提质增效和新兴海洋产业规模扩大的影响，金融保险、商贸物流、科技服务、文化创意、信息咨询等涉海高端服务业态加速兴起，海洋产业结构逐步优化，海洋产业链、供应链现代化不断推进，海洋三产贯通融合提速，海洋经济已步入高质量发展轨道。

4. 海洋产业开放合作

山东海洋产业开放合作的着力点主要体现在产业园区建设、创新平台设置、企业"引进来""走出去"、进出口贸易等方面，基本形成了以日韩俄等邻近国家为重点、以海上丝绸之路沿线国家为主轴、面向全球的海洋产业开放合作格局。青岛、烟台、日照、威海等城市通过打造涉海空间载体和产业园区，加强海外企业、人才、资金、技术等的引进建设；依托青岛海洋科学与技术试点国家实验室、中国海洋大学、中国科学院海洋研究所等"国字号"科研机构以及重点涉海企业，建设了一批不同层次的海洋科技创新跨国联合实验室（研究中心）、海洋产业技术转移机构，推进实施涉海科技项目、大科学计划等的合作攻关。

（二）主要问题

从现代海洋产业体系的内涵特征及与国际先进水平的比较看，山东仍有较大差距，存在以下突出问题。

1. 空间利用不合理

从海域使用确权情况看，截止到 2019 年 4 月，山东海域开发利用面积占全省管辖海域面积的 17.49%，主要集中于 30 米以内海域（见图 1），利用类型以渔业、海底工程、旅游娱乐等为主（见图 2）。从海岸利用情况看，随着经济社会发展和集中集约用海规划的实施，城镇、产业园区、旅游度假区及房产开发项目加快在海岸区域兴起，海岸开发力度持续加大，已开发利用大陆海岸线占总长的 88.9%。海岸带区域成为山东布局生产生活及发展海洋经济的基本空间载体，进而造成海岸带区域无序过度开发、生态压力增大、承载力减弱，同时水深 30 米以内海域利用率偏低，致使海岸海域空间利用结构失衡，对海洋经济可持续发展构成制约。①

---

① 张翔、王霄鹏、黄安齐等：《基于遥感影像提取山东半岛复杂海岸线及海岸线多年变迁研究》，《海洋湖沼通报》2021 年第 2 期。

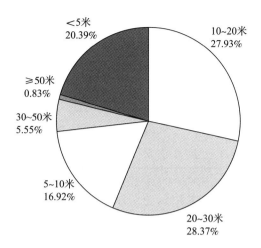

图1 山东省不同水深海域利用分布

资料来源：山东省级海域海岛使用权登记资料，截止到2019年4月。

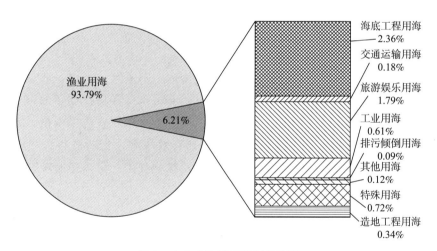

图2 山东省海域开发利用类型

资料来源：山东省级海域海岛使用权登记资料，截止到2019年4月。

2. 主攻方向不明确

对特定区域而言，单纯追求发展大而全的现代海洋产业体系，不仅脱离实际，也易造成资源要素难以有效配置甚至浪费，应结合区位条件、海洋资源环境禀赋、海洋产业基础、海洋高端资源要素获取能力等，立足彰显特色、壮大优势，从战略高度明确海洋产业发展重点，精准绘制海洋产业发展路线图，聚焦发展符合区域实际，具有高质量、高竞争力的现代海洋产业体系。而从山东沿海地市海洋产业体系发展现状和"十四五"发展规划看①，尚存在求大求全和同质同构倾向，易导致区域间海洋产业发展不协调、无序竞争及海洋资源低效开发。

3. 产业链条不完善

构建完善的海洋产业链，是提升产业竞争力和发展现代海洋产业体系的必要条件，有助于增强抵御市场风险的能力和实现可持续发展。在海洋渔业、海洋交通运输、滨海旅游等传统产业领域，因发展历史悠久和产业基础较好，山东已基本建立了较完备的产业链，但仍存在产业链上下游关键环节如科技创新、新产品开发、品牌塑造、市场网络拓展等升级迭代的需求。在海洋生物医药与制品、船舶与海工装备制造、海水淡化及综合利用、海洋新能源新材料等新兴产业领域，则存在明显的产业链短板，缺乏关键配套技术及装备的研发制造能力，问题在于产业链上游技术研发对下游产品开发应用缺乏有效的引领驱动，造成产业发展动能不足，未形成贯通融合、活力充沛的产业生态系统，致使在海洋新兴产业一些"高、精、尖"领域，山东没有充分占领制高点。②

4. 动力体系不完备

动力体系主要由科技创新和政策工具构成，两者缺一不可，通过协同耦合形成驱动产业发展的一体化动力系统。就山东海洋科技创新而言，近年来通过实施平台载体建设、人才培养引进、重点项目攻关等举措，基础研究、技术研发及成果转化脱节问题得到有效缓解，创新链得以优化升级，但在船舶与海工装备制造、海水淡化及综合利用、海洋新能源新材料

---

① 青岛市海洋发展局：《青岛市海洋经济发展"十四五"规划》，青岛市海洋发展局网站，http://ocean. qingdao. gov. cn/n12479801/index. html，最后访问日期：2021年12月2日；烟台市海洋发展和渔业局：《烟台市十四五海洋经济发展规划》，烟台市海洋发展和渔业局网站，http://hyj. yantai. gov. cn/art/2021/6/17/art_1648_2899962. html，最后访问日期：2021年12月2日；《威海市人民政府办公室关于印发威海市"十四五"海洋经济发展规划的通知》，威海市人民政府网，http://www. weihai. gov. cn/art/2021/12/21/art_51909_2780154. html，最后访问日期：2021年12月2日；《日政办字〔2021〕62号（关于印发〈日照市"十四五"海洋经济发展规划〉的通知)》，日照市海洋发展局网站，http://hyfzj. rizhao. gov. cn/art/2021/12/27/art_180892_10287853. html，最后访问日期：2021年12月2日。

② 刘永红：《海洋产业高质量发展战略研究——以山东省为例》，《山东行政学院学报》2020年第5期。

等新兴产业领域创新资源建设相对滞后，以 SCI 论文和专利为代表的创新产出及其转化能力偏低，与国际先进水平差距较大，也落后于江苏、广东等省份，创新支撑引领能力薄弱，创新链与产业链匹配度低。在海洋强国和海洋强省建设战略框架下，山东发展现代海洋产业体系的战略环境逐步改善，出台了关于人才队伍建设、科技创新能力提升、产业培育发展等的一系列政策措施，取得了明显成效，但在政策适用、政策协同、政策落地、政策评估等环节上存在缺失，造成资金投入持续性较差、项目实施缺乏长效保障、产业链布局难以统筹协调、区域产业发展同质同构问题突出。

5. 产业关联度偏低

陆海产业高度关联融合，是发展形成现代海洋产业体系的重要特征，也是实现现代海洋产业体系各部门可持续发展和提升市场竞争力的基石。市场机制和政策体系建设的推进和协同发力，引发实体经济下海热潮，资本、技术、人才等要素纷纷向海汇聚，陆海产业关联融合发展态势已显，但从总体看关联度仍然偏低。从海洋服务业占比看，2020 年山东为 57.9%[①]，低于广东（71.2%[②]）和浙江（64.0%[③]）。从 2016～2021 年海洋产业发明专利申请量看，山东（19470 个）远远低于北京（171600 个）和广东（44970 个）。[④] 这表明，山东海洋服务业发展相对不足，科技创新优势不明显，对海洋第一、第二产业及海洋经济规模扩大和质量提升的支撑带动效应仍较小，陆海产业、海洋产业内部关联融合广度和深度不足。随着海洋捕捞、海水养殖、海洋油气开发、海洋风能利用向深水进军态势的加剧，远洋捕捞船舶、海水养殖设施、

① 《2020 年山东省海洋经济统计公报》，山东省海洋局网站，http://hyj. shandong. gov. cn/zwgk/fdzdgk/hyzlghyjj/202111/P020211103392977885490. pdf，最后访问日期：2021 年 12 月 7 日。

② 广东省自然资源厅、广东省发展和改革委员会：《广东海洋经济发展报告（2021）》，广东省自然资源厅网站，http://nr. gd. gov. cn/zwgknew/sjfb/tjsj/content/post_3324494. html，最后访问日期：2021 年 12 月 7 日。

③ 《浙江省人民政府关于印发浙江省海洋经济发展"十四五"规划的通知》，浙江省人民政府网，http://www. zj. gov. cn/art/2021/6/4/art_1229019364_2301508. html，最后访问日期：2021 年 12 月 7 日。

④ 华经产业研究院：《2021～2026 年中国海洋经济行业市场供需格局及投资规划建议报告》，华经情报网，https://www. huaon. com/channel/finance/694905. html，最后访问日期：2021 年 12 月 7 日。

海洋油气装备、海洋新能源开发装备等的大型化、智能化、绿色化、链条化生产制造存在滞后短板，缺乏研发关键配套产品和高端自主品牌的能力，金融保险、科技创新、贸易物流、交通通信等配套服务业统筹协调发展相对落后，难以发挥彼此支撑和相互促进的作用，导致产业缺乏核心竞争力，抵御市场风险的能力不足。

三 山东发展现代海洋产业体系的对策建议

在构建双循环新发展格局和打造海洋强省的战略导向下，应以实现海洋经济高质量发展为目标，切实贯彻新发展理念，积极探索实践彰显山东特色、具有示范效应的现代海洋产业体系发展新路径。

（一）优化海洋产业空间布局

针对海洋产业发展中存在的滨海空间利用无序过度、深水空间利用不足、海岛低层次开发等问题，以海洋资源环境承载能力和国土空间开发适宜性评价为基础，坚持生态优先、区域协调和高质量发展，科学编制山东省国土空间规划，协调沿海地市海岸和海洋空间开发保护布局，以海洋经济创新发展示范城市、海洋经济发展示范区、国家海洋高技术产业基地等重大载体建设为引领，打造节约集约、衔接联动、凸显特色的海洋产业发展空间利用格局。重点依托沿海国家和省级经济开发区/高新区，推行区中园、园中园、企业园区等集中集约空间利用模式，建设海洋特色产业园区，承载海洋高端制造业，串联滨海旅游度假区、滨海旅游景区，打造现代海洋产业集聚发展滨海高地；优化商港、渔港码头及集疏运体系建设布局，统筹建设绿色化、智慧化、网络化世界一流海港，重点依托国家中心渔港和一级渔港发展多功能、高层次、现代化的渔港经济区；控制近岸滩涂养殖、风电开发规模，以发展绿色养殖为导向，推动以深水空间为载体的生态化海洋牧场建设，提升深水养殖产出占比；建设渤中、半岛北、半岛南三大深水风电基地，打造海上风电与海洋牧场融合发展示范区；加强海岛资源开发保护，完善海岛生态环境保护网络，推进长岛、刘公岛、灵山岛、崆峒岛、桑岛等有居民海岛的生态化、高水平开发，保护性利用海驴岛、宫家岛、桃花岛等具有特色文旅资源和景观价值的无居民海岛，建设中国北方海岛保护性开发示范区。

（二）聚力突破重点海洋产业

围绕国家和山东省国民经济和社会发展第十四个五年规划和2035年远景目标，确定山东发展现代海洋产业体系的重点产业领域，有利于充分发挥特长、规避短板，有利于化解优势资源有限性与分散低效利用的矛盾，有利于塑造链条完整、具有国际竞争力的特色海洋产业集群。按照"塑造优势、环境友好、关联协同、区域协调"原则，聚力发展由七大产业构成的现代海洋产业体系，包括海洋渔业（突出发展以海洋牧场为主导的海水绿色养殖、远洋渔业、海水产品精深加工）、海洋生物医药与制品（与海洋渔业联动发展，打造青烟威国际海洋生物产业基地）、船舶与海工装备（依托青岛、烟台、威海等补齐技术研发、服务网络、关键配套等短板，实现全产业链高端化发展）、海水淡化及综合利用（优化沿海城市、能源石化企业、海岛等的海水淡化示范工程建设布局，扩大海水直接利用规模，建设山东半岛国家海水淡化利用示范区）、海洋新能源（结合碳达峰、碳中和目标，合理利用深水空间和滨海滩涂，发展海上风电和渔光互补，提高绿色新能源占比，优化能源供给结构）、海洋新材料（重点发展海洋生物材料、海洋防护材料、海洋用非金属材料、海洋用有色金属材料、海水淡化反渗透膜材料等）、现代海洋服务业（加快滨海旅游和海洋交通运输业智能化、绿色化、网络化升级，围绕海洋第一、第二产业关联融合，发展金融保险、科技创新、贸易物流、文化创意、信息咨询等涉海高端服务业态）。

（三）夯实支撑引领动力系统

发展现代海洋产业体系，重中之重在于加快提升科技创新和政策体系支持能力。围绕打造国际一流海洋科技创新基地，聚焦制约海洋产业提质升级的关键、核心和共性技术，建立健全基础研究、技术研发、成果转化、新产品开发对接联动机制，统筹推进平台载体建设、高水平人才培养引进、高层次项目实施及全方位开放合作，构建与现代海洋产业体系发展相匹配的可持续区域海洋科技创新体系，增强对海洋产业高质量发展的创新驱动力。政策建设应围绕强化政策效应，突出政策引导、政策施力、政策协同、政策评估等环节。通过政策引导，明确现代海洋产业发展重点领域、海洋科技创新重点方向及人力、资本、信息等关键要素优化配置模式；通过政策施力，促进资源要素向重点领域和关键环节流动聚合，聚焦实施重点突破；通过政策协同，规避政策制定实施中可能出现的冲突、缺失和无效等问题，强化政策集成效应，提升政策系统激励能力；通过政策评估，明确政策实施效果，对政策工具适时进行修订、补充和废除，保证政策措施的连续性、动态性和适应性。

（四）促进产业联动融合发展

由于资源要素的关联和普适性，陆海产业事实上存在源于自身发展需求的内在联动互促机制，但受到信息渠道不畅、产业部门缺失、政策引导不力等的影响，产业间关联度不高，资源要素难以互通有无，无法实现产业深度融合发展。深化陆海产业跨界融合，发展现代海洋产业体系，首先应遵循市场规律，发挥市场主导作用，促进要素资源合理流动和优化配置，推动海洋产业链向上下游延伸，促进价值链向中高端跃进；其次要通过政策引导激励，统筹规划，引导陆海产业、海洋三产贯通融合，通过搭建政策信息服务平台、科技创新公共服务平台、投融资平台及创建陆海产业混合园区，鼓励和支持采取嫁接、裂变和引进等形式（如海洋渔业通过引进旅游元素延伸发展休闲渔业，船舶与海工装备制造面向深远海渔业发展，推动大型远洋渔业船舶、绿色养殖设施的生产制造，运用5G、物联网、大数据、人工智能等进行涉海企业管理流程、生产制造、服务网络的信息化改造），培育蓝色贯通、蓝（海）黄（陆）交融的要素链、创新链和产业链，构建地域特征明显、竞争优势突出的现代海洋产业集群。

（五）拓展海洋产业发展空间

从现代产业发展看，伴随交通、通信、网络等基础设施的完善和发展，在资源要素获取、创新能力提升和产品市场网络构建上，早已突破地域限制，形成了连接国内外的网络化开发利用格局。面向全球开放合作，增强虹吸和溢出效应，织密产业连接网络，拓展产业发展空间，是培育形成现代海洋产业体系所依赖的路径。要强化吸聚能力建设，围绕重点海洋产业领域，加大政策扶持力度，完善人脉网络，建立长效合作机制，积极引进国内外优势创新机构、成果转移机构、投融资机构、高水平人才及产业发展所需的基础原材料，强化创新链、产业链、人才链、资金链交织融合，把山东建设成为国际海洋产业创新发展高端资源要素集聚区。要不断提升输出和辐射能力，包括技术输出、产品输出、品牌输出。通过技术输出，广泛开展技术交流合作，实现技术扩散与协同创新，促进共同发展；通过产品输出，向全球市场提供优质产品和服务，提高市场占有率和竞争力，增强企业"造血"功能；通过品牌输出，在国内外开设分支研发机构或从属企业，建立跨国、跨区域服务网络，强化资源吸引、集聚，扩大品牌影响力，实现可持续发展。

Theoretical Analysis of Modern Marine Industry System and Shandong's Development Countermeasures

Mu Xiujuan[1,2], *Ni Guojiang*[3], *Wang Yan*[1,2]

(1. Qingdao Institute of Geo-marine Engineering Survey, Qingdao, Shandong, 266071, P. R. China; 2. Shandong Engineering Technology Collaborative Innovation Center of Coastal Evaluation and Planning, Qingdao, Shandong, 266071, P. R. China; 3. Marine Development Studies Institute, Ocean University of China, Qingdao, Shandong, 266100, P. R. China)

Abstract: Building a modern marine industrial system is an important content and inevitable requirement for the development of a modern industrial system, and it is also a key task for Shandong to further promote the construction of a strong marine province. Based on the discussion of basic theoretical issues such as the essential connotation, basic characteristics and influencing factors of the modern marine industry system, this paper combines the analysis of the status quo of marine resources and environmental endowments, the construction of marine high-end elements, the competitiveness of marine industries, and the open cooperation of the sea, aims at the problems including coastal marine space, the choice of the main direction of the marine industry, the construction of the power system, and the coordination of the marine industry, it proposes countermeasures and suggestions for the development of a modern marine industry system in Shandong, focusing on the creation of a modern superior marine industry chain supply chain and promoting the high-quality development of the marine economy. That is: optimizing the spatial layout of the marine industry, consolidating efforts to make breakthroughs in key marine industries, consolidating support and leading the power system, promoting the development of industrial linkage and integration, and expanding the development space of the marine industry.

Keywords: Modern Marine Industrial System; Marine Province; Strong Ocean Province; Marine Economy; Marine Resources

（责任编辑：孙吉亭）

海洋渔业高质量发展研究[*]

张雪燕　陈金辉[**]

摘　要　2022 年中央一号文件为渔业的进一步发展指明了方向。本文首先对渔业高质量发展存在问题的研究进行了综述，并分析了海洋渔业的发展现状，主要表现为：一是海洋渔业持续转型升级，养殖与捕捞结构得到进一步优化，种质资源保护与利用能力持续增强，绿色、智能和深远海养殖加速发展；二是渔业科技装备支撑显著增强；三是资源养护取得历史性突破。其次，进一步分析了海洋渔业发展趋势，在此基础上分析了沿海地区渔业发展的部分案例。最后，提出海洋渔业高质量发展的对策，包括加强科技创新、深入实施品牌战略、建立海洋渔业产品追溯体系、推动智慧渔业发展等。

关键词　远洋渔业　渔业品牌　渔业科技装备　智慧渔业　种质资源

《中共中央　国务院关于做好 2022 年全面推进乡村振兴重点工作的意见》于 2021 年 2 月 22 日正式发布，在文件中明确提出"稳定水产养殖面

---

* 本文是山东省现代农业产业技术体系自身产业技术体系十四五重点建设任务（项目编号：SDAIT‐22‐09）的阶段性成果。

** 张雪燕（1988～），女，山东海洋产业协会项目部部长，主要研究领域为海洋产业。金辉（1988～），男，博士，科学技术部高技术研究发展中心高级工程师，清华大学博士后，主要研究领域为资源产业经济、科学技术创新与高质量发展研究、政策创新与公共管理、海洋经济管理和高质量发展。

积，提升渔业发展质量"。① 2022 年 2 月 14 日，农业农村部发布了《关于促进"十四五"远洋渔业高质量发展的意见》。② 这一系列的文件为渔业的进一步发展指明了方向。因此，在海洋渔业产业发展中渔业内部各产业如何提质增效，最终推动渔业高质量发展是我们亟须研究的问题。

一 渔业高质量发展存在问题的研究

王凯等认为，宁波近几年可养区域越来越少，养殖面积逐年递减。海水养殖空间持续缩小，主要原因是受城镇化、滩涂围垦、土地红线保有政策及"五水共治"退养、环保督察等因素影响；同时，宁波市远洋技术有待提高，在远洋渔业产业发展中信息化、数字化、自动化、智能化等高新技术应用率较低，捕捞装备以进口为主，远洋渔船总体装备及捕捞技术水平不高；再者，由于存在饲料、劳动力等成本增加的困难，加之受到自然灾害、苗种、水产疫病防治、市场经营等风险困扰，养殖利润难以保障。③

颜宏亮认为，舟山市远洋渔业产业发展具有明显的群众性特点，存在缺少龙头企业带动的问题，难以合作开展公司化、规模化的运作和组织。尽管有一些远洋捕捞企业规模相对较大，向上下游产业链延伸，但仍然缺少组织化程度高、产业配套完善的龙头骨干企业。正是由于远洋捕捞存在行业散和小的弱点，所以加工贸易行业占据市场主动权，压低远洋渔货的采购价格。④

---

① 《全文！2022 年中央一号文件发布》，修水县人民政府网，http://www.xiushui.gov.cn/xxgk/bmxxgk/gxs/gzdt_127639/202202/t20220223_5409400.html#，最后访问日期：2022 年 3 月 10 日。

② 《农业农村部关于促进"十四五"远洋渔业高质量发展的意见》，农业农村部网站，http://www.moa.gov.cn/govpublic/YYJ/202202/t20220215_6388748.htm，最后访问日期：2022 年 3 月 10 日。

③ 王凯、张晓丹、王宁：《高质量发展背景下推进宁波现代渔业可持续发展的对策研究》，《宁波经济（三江论坛）》2019 年第 11 期。

④ 颜宏亮：《金融视角下远洋渔业高质量发展路径探析——以舟山远洋渔业为例》，《商业经济》2022 年第 1 期。

莫朝晖等认为，温岭渔民面临着转产转业的困难。国内海洋捕捞船自 2015 年以来已减少近 300 艘，表明有 4000 多名渔民面临着转产转业的问题。可是大多数渔民尚不具备现代渔业要求的综合素质，只具有传统捕捞的单一技能，这使得他们的转产转业受阻。另外，现有的渔业码头多为村、企建设，通往港口的道路不能满足渔港集疏运的要求，加之装卸设施落后、配套设施不足，从而出现了许多渔船选择到条件好的外地渔港卸货交易的现象，还有的渔船从外地将部分渔获物通过陆运再送到温岭进行交易。①

李易珊认为，广东渔业经济仍然以第一产业为主，三次产业融合度不高；高效集约化养殖，例如深水网箱、工厂化养殖等比重有待进一步提高；发展迅猛，但在全国范围内形成的有影响力的特色优势养殖品牌企业不够多。② 广东水产种业体系初建，得到的财政资金较少，企业的良种设施、技术都不完备，优势没有发挥出来。③

林小燕从立法角度研究了福建省渔业发展问题，认为福建省长期存在无船名号、无船籍港、无渔业船舶证书的涉渔"三无"船舶，量大面广，对于守法渔民群众来说，其合法权益受到严重冲击，严重破坏了正常的渔业管理秩序。④

刘润泽等认为，辽宁省水产初级加工对经济快速增长的拉动作用相对有限，渔业经济发展空间因资源过度开发而变化，导致产业抗风险能力弱；而且辽宁省水产品种类构成较为单一，低端产品品种较多，许多产品产量未形成规模，海洋渔业企业与渔民的市场反应力不强。⑤

王乐翔和平瑛认为，中国休闲渔业的规模还很小，发展水平很低，整体实力很薄弱，发展速度也很缓慢。⑥

① 莫朝晖、叶志祥、黄才贵、江旭亮：《关于促进温岭渔业高质量发展的思考》，《新农村》2021 年第 11 期。
② 李易珊：《广东着力推进渔业高质量发展》，《海洋与渔业》2019 年第 4 期。
③ 金亚平：《渔业高质量发展先要走出良种困境》，《海洋与渔业》2019 年第 4 期。
④ 林小燕：《立法推动渔业高质量发展》，《人民政坛》2020 年第 1 期。
⑤ 刘润泽、施伟、丁晓非、鞠恒、谢忠东：《辽宁海洋渔业经济高质量发展评价与障碍度分析》，《沈阳农业大学学报》（社会科学版）2021 年第 2 期。
⑥ 王乐翔、平瑛：《休闲渔业对渔业经济高质量发展的贡献度研究》，《海洋开发与管理》2021 年第 7 期。

二 中国海洋渔业发展现状与趋势分析

（一）中国海洋渔业发展现状

1. 海洋渔业发展总体情况

2021 年，中国海洋渔业全年实现增加值 5297 亿元，比上年增长 4.5%。① 海洋渔业持续转型升级，养殖与捕捞结构得到进一步优化，种质资源保护与利用能力持续增强，绿色、智能和深远海养殖加速发展。

2. 渔业科技

渔业科技取得了长足的进步，科技装备支撑显著增强（见表 1）。

表 1 "十三五"中国取得的渔业科技成绩

指标	数量
配备了安全和通导装备的渔船	11 万余艘
渔业科技进步贡献率	63%
获得国家科学技术进步奖	9 项
培育新品种	61 个
制定渔业国家和行业标准	268 项

资料来源：《〈"十四五"全国渔业发展规划〉（农渔发〔2021〕28 号）》，前海中泰咨询网，http://www.qhztzx.com/bigdata/detail_511.html，最后访问日期：2022 年 4 月 11 日。

3. 资源养护取得历史性突破

全面实施海洋渔业资源总量管理制度，首次实现内陆七大流域、四大海域休禁渔制度全覆盖（见表 2）。

表 2 "十三五"资源养护情况

名称	数量
压减海洋捕捞渔船	超过 4 万艘
压减海洋捕捞渔船功率	150 万千瓦

---

① 《2021 年中国海洋经济统计公报》，自然资源部网站，http://gi.mnr.gov.cn/202204/P020220406315859098460.pdf，最后访问日期：2022 年 4 月 11 日。

续表

名称	数量
创建国家级海洋牧场示范区	136 个
增殖放流各类苗种	超过 1500 亿单位

资料来源:《〈"十四五"全国渔业发展规划〉（农渔发〔2021〕28号）》,前海中泰咨询网,ht-tp://www.qhztzx.com/bigdata/detail_511.html,最后访问日期:2022 年 4 月 11 日。

（二）中国海洋渔业发展趋势

1. 在现代化渔业养殖模式方面

以智能化海洋装备为支撑的现代化渔业养殖模式,以标准化生产体系、绿色技术支撑体系、科技示范推广体系为特征的现代海洋渔业特色园区将成为现代化渔业发展的重要方向。

2. 在水产品消费升级方面

中国有 14 亿人口、4 亿多中等收入群体,已形成超大规模市场。[1]随着人们对自身健康的关注和生活品质的提升,人们对绿色、标准、优质、安全海产品的需求大幅增长,这就为生产者提供了广阔的市场空间,引导生产者生产适销对路的产品。而供给端的商品和服务的创新又不断推动需求端的消费潜力释放。

3. 在商业模式创新方面

中国冷链物流行业市场规模从 2014 年的 1500.0 亿元开始逐年增长,到 2020 年中国冷链物流市场总规模为 3832.0 亿元,同比增长 13.0%,并且仍保持增长态势。[2]冷链物流产业发展、生鲜电商壮大、新零售崛起,催生了海洋渔业新的商业发展模式,电商助力产销对接的流通模式将成为重要的尝试渠道,以互联网为基础的海洋渔业产业链条整合将加快推进。

4. 在品牌建设方面

品牌建设已经成为海洋渔业区域竞争和企业发展竞争的重要手段。

---

[1] 《"十三五"时期我国发展跃上新台阶》,浙江省纪委监察厅网站,http://www.zjsjw.gov.cn/shizhengzhaibao/202102/t20210228_3721591.shtml,最后访问日期:2022 年 4 月 11 日。

[2] 《生鲜电商助推,企业纷纷加码,冷链物流再迎风口》,腾讯网,https://xw.qq.com/amphtml/20220412A099HY00,最后访问日期:2022 年 4 月 11 日。

目前，从整体上看海洋渔业竞争存在低价竞争、偏重传统销售渠道、品牌意识薄弱等问题，通过有效方式和途径建立规范化的标准溯源体系，积极关注海洋渔业区域品牌及各类产品品牌的打造，树立长远目光，走品牌建设的发展道路成为必经之路。

三 沿海地区发展渔业的部分案例

2021年广东省出台了《广东省乡村振兴促进条例（草案）》。在该条例中，现代种业、农业装备制造业和现代海洋渔业等产业作为重点扶持对象被写入"产业发展"一章。[①]

福建省云霄县陈岱镇将海洋特色产业与鲍鱼养殖户连接在一起，形成一条鲍鱼产业的"致富链"。在鲍鱼产业不断发展壮大之际，陈岱镇政府积极引导群众进行多种经营、升级产业，推动以白礁村为首的花蛤苗养殖基地发展，总投资7000万元左右，投建7个育苗场，年盈利总额约1000万元；除此之外，该村的集体虾池（租金）收入约300万元，带动村财增收40万元以上。另外，陈岱镇积极推动渔业第二产业和第三产业的发展，拓展海产品的精加工，培育出漳州鸿益食品冷冻有限公司、福建漳州东仔湾食品有限公司等多家水产品加工龙头企业；吸引电商人才，成立了全县首个乡镇级电商创业中心，在线上销售水产品。[②]

烟台经海海洋渔业有限公司依托先进的智能网箱发展深远海智能养殖，整合个体养殖户资源，将他们从烟台经海购入并养至4两重的鱼苗以不低于市场价的价格进行回购，由经海在网箱中养到成品，从而形成"一条鱼，一个产业链"的崭新发展模式。[③]

[①] 姚瑶：《广东拟立法促进乡村振兴 重点扶持现代海洋渔业等产业》，农业农村部网站，http://www.moa.gov.cn/xw/qg/202111/t20211130_6383375.htm，最后访问日期：2022年4月11日。

[②] 李铮媛：《乡村振兴进行时丨云霄陈岱：持续做大做强海洋产业》，腾讯网，https://new.qq.com/omn/20220208/20220208A04ASR00.html，最后访问日期：2022年4月11日。

[③] 《乡村振兴看经海：深远海智能养殖唱响渔民致富经》，"西部文明播报"百家号，https://baijiahao.baidu.com/s?id=1700342827632200517&wfr=spider&for=pc，最后访问日期：2022年4月11日。

浙江省最东部的海岛渔业县嵊泗县推进渔船清洁化改造，升级改造了80余艘渔船的冷冻设备和厨卫设施，全县安装船用垃圾桶的拖虾、帆张网渔船达到400余艘，完善了作业渔船垃圾回收体系。①

四 海洋渔业高质量发展对策

（一）加强科技创新

企业是创新的主体，要推动企业协同创新，加大对现代设施养殖、新能源开发方面的技术研发的支持力度，积极推动新技术产业化，增强海产品生产体系的技术支撑；加强产学研合作，通过建立完善的海洋渔业科技成果转化机制，形成完善流畅的海洋科技成果转化体系；促进高技能人才培养，着重进行产业特点、管理模式、营销网络、技术趋势、市场培育、上下游协同等方面的培训，提高整个产业链的管理水平，凝聚各单位的目标方向，实现技术和市场的协同突破，以此形成面向全国的前瞻性、普惠性的研发平台和社会网络化的服务中心。

（二）深入实施品牌战略

深入实施品牌战略，打造海洋渔业品牌服务平台，制订品牌升级计划，进行海洋渔业产品品牌孵化与推广，为海洋产品品牌提供诊断与文化升级咨询，使用网络化、年轻化、趣味化的方式，对IP进行线上、线下传播运营，打造让更多人喜爱的文化产品和海洋产品品牌。积极推动具有地域特征的渔业产品品牌地理标志的认定或注册，重视并发挥知识产权效能，提升渔业产品品牌价值。

（三）建立海洋渔业产品追溯体系

刺激科技的持续创新和产业化应用，推广现代化、智能化的养殖模式，完善整体装备和配套，运用互联网、区块链技术，建立渔业产品追

---

① 《嵊泗：高质量发展绿色渔业 助力乡村振兴战略落地生根》，浙江省农业农村厅网站，http://nynct.zj.gov.cn/art/2021/3/15/art_1630354_58931533.html，最后访问日期：2022年4月11日。

溯体系，构建育苗、养殖、捕捞、存储、运输、销售全链条产品追溯体系，在保障渔业产品安全的同时也便于强化品牌管理。

（四）推动智慧渔业发展

立足传统渔村转型振兴和海洋渔业三产融合发展策略，以海洋渔业结构调整和养殖模式升级为主线，打造智慧渔业高质量发展先行示范模板。

（五）培育渔民科技意识

渔民是科技利用的主体，要通过海洋渔业科技推广体系建设，广泛利用传统媒体如电视、广播、报纸等，以及新媒体，向广大渔民宣传海洋科技的重要性，从根本上增强渔民尊重科学、重视科技的意识，并大力推进海洋渔业科技知识的普及和推广应用，在提升渔民科技素质的同时，使其掌握一项或多项职业技能。

（六）积极推动海洋渔业电商发展

"积极引导社会投入，推动渔业电子商务创新，加快培育渔业电子商务市场，统筹推进水产品、渔业生产资料供给和休闲渔业领域电子商务的协同发展。促进生产主体与电商平台对接，引导生产者按照电商产品的标准和特点，生产适销对路的产品，不断推动供给端的商品和服务创新，释放需求端的消费潜力，促进渔业供给侧改革。"①

（七）努力推动产业配套规划

要大力倡导绿色生态转型的理念，建立和完善产业链协调整合机制，激发海洋渔业产业链自主发展与延伸的实践。组织协会、研究会等社会组织机构，做好产业配套规划的制定出台工作，适时调整海洋渔业科技创新方向和重点，保证海洋渔业在横纵向的整合与发展，提升其一体化集成度，扩大海洋渔业产业的辐射联动范围。

---

① 《农业部办公厅关于加快推进渔业信息化建设的意见》，华律网，https://www.66 law.cn/tiaoli/27258.aspx，最后访问日期：2022 年 4 月 2 日。

Study on High-quality Development of Marine Fisheries

Zhang Xueyan[1], Chen Jinhui[2,3]

(1. Shandong Ocean Industry Association, Qingdao, Shandong, 266000, P. R. China; 2. High-Tech Research and Development Center, Ministry of Science and Technology, Beijing, 100044, P. R. China; 3. School of Public Policy and Management, Tsinghua University, Beijing, 100084, P. R. China)

Abstract: The No. 1 Central Document of 2022 points out the direction for the further development of fishery. This article first on fishery problems occurred in development of high-quality research were summarized, and analyzed the development status quo of Marine fisheries, main show is a Marine fishery transition escalating, farming and fishing structure has been further optimized, germplasm resources protection and utilization of capacity continues to strengthen, green, intelligent and deep sea aquaculture accelerated development; Second, the support of fishery science and technology equipment has been significantly enhanced; Third, historic breakthroughs were made in resource conservation. The development trend is further analyzed. On this basis, some cases of fishery development in coastal areas are analyzed. Finally, countermeasures for high-quality development of Marine fishery are put forward: first, strengthen scientific and technological innovation; second, implement brand strategy deeply; third, establish Marine fishery product traceability system; fourth, promote the development of intelligent fishery.

Keywords: Deep-sea Fishing; Fisheries Brand; Fishery Science and Technology Equipment; Wisdom Fishery; Germplasm Resource

（责任编辑：孙吉亭）

国际门户枢纽城市发展指数测度及沿海和内陆样本城市比较研究

李 利 刘 凯 王 鹏*

摘 要　本文阐述了国际门户枢纽城市（IGHC）发展指数评价体系建立的依据，并以国内20个重要城市为样本，采用科学规范方法进行了 IGHC 发展指数测度。结果表明，样本城市可分为高级发展层、准高级发展层、高成长发展层、一般发展层等不同等级，它们虽能级有别、水平不一，但各具特色，并从不同侧面彰显出 IGHC 的鲜明特色。本文还依据 IGHC 发展指数测度结果开展了三项延展研究：一是结合样本城市一级指标得分情况，对若干重要现象进行了分类解读；二是围绕 IGHC 建设需求，对沿海和内陆样本城市的不同特征进行了比较研究；三是选择单位 GDP 用电量指标进行了与 IGHC 密切相关的发展质量等专题讨论。

关键词　门户城市　枢纽城市　国际门户枢纽城市　国际大都市　常住人口城镇化率

国际门户枢纽城市（International Gateway Hub City，IGHC）指的是

---

* 李利（1955～），男，管理学博士，青岛科技大学教授，青岛市生产力学会会长，主要研究领域为外向型经济和产业发展。刘凯（1990～），男，工商管理硕士，青岛酒店管理职业技术学院讲师，主要研究领域为外向型经济和企业管理。王鹏（1992～），男，工商管理硕士，山东省应急产业协会助理研究员，主要研究领域为应急管理和技术经济。

以陆海统筹、内畅外联、立体覆盖的综合交通运输大通道为基础，以高度开放的门户城市为依托，拥有支撑要素和资源高效流转的城市载体及管理平台，且经济实力强大、服务功能发达、多元文化包容，具备整合全球产业链和价值链能力的国际大都市。[①] 开展 IGHC 发展指数测度有助于完整、准确、全面地理解和贯彻新发展理念，把握 IGHC 发展态势、总结 IGHC 发展成果和发现 IGHC 建设过程中存在的问题，进而为实现高水平对外开放和高质量发展目标创造可靠的保障。

一 IGHC 发展指数测度的指标体系

（一）IGHC 指标体系涵盖的主要内容

国际门户枢纽城市是现代城市发展的一种新形态、门户城市演进的一种新面貌。关于 IGHC 发展指数测度的指标体系不仅包含经济和社会发展的多个元素，而且涵盖生产、生活、绿色、环保等丰富的内容。其中，三个最关键的维度是城市经济竞争能力、城市创新和服务能力、城市成长性及发展潜力。为满足 IGHC 发展指数综合测度的要求，其指标体系应当包括如下一些重要内容。

第一，城市发达度。这一评价维度主要反映的是城市经济发展水平、技术发展水平、居民生活水平、城市服务和文化环境等。城市的发达度对城市的服务能级和影响力具有至关重要的影响。相关评价内容应包括经济产出规模和效率（地区 GDP 和人均 GDP 等）、常住人口规模、一般预算收入、城市服务能级、城市消费水平及城市文化发展水平等。

第二，城市枢纽度。枢纽通常指的是事物相互联系的中心环节、关键之处。城市枢纽是一个与开放度密切相关的概念，只有在高水平开放背景下，城市枢纽才能真正发挥应有的作用。按照这一要求，相关评价内容应包括地区的航空枢纽状况、地区的铁路枢纽状况、地区的港口发展水平及高速公路等反映城市对外联通水平的元素，以及地区的信息化等反映网络发达水平的影响因素等。

---

① 侯金亮、朱涛：《发挥比较优势　加快建设国际门户枢纽城市》，《重庆日报》2020 年 6 月 4 日，第 7 版。

第三，城市发展潜力和服务能力。发展潜力指的是蕴含于内部尚未充分表现出来的素质和能力。服务能力指的是特定服务系统能够提供服务的限度或服务系统最大的产出率。服务能力通常与服务设施的建设水平和支撑要素密切相关。相关评价内容应包括城市资金集聚规模、服务组织发达状况、产业结构分布情况、公共服务设施建设水平以及影响未来城市发展的关键要素、重要条件等。

第四，城市开放度和国际影响力。这是一个反映国家或地区对世界的贡献情况和被关注程度的维度。相关评价内容应包括对外进出口规模、利用外资水平、国际展会和重大赛事活动情况、国际机构和跨国企业集聚度、世界对该城市的关注程度以及该城市在世界市场高端配置资源的能力等。

第五，城市生态环境。生态环境通常指的是影响人类生存与发展的水资源、土地资源、生物资源及气候资源的状况。生态环境与自然环境在含义上虽十分相近，但二者并不相等。各种天然因素都可以称为自然环境，但只有由一定生态关系构成的系统才能称为生态环境。① 这一维度的评价内容应包括城市绿地面积、城市空气质量、城市用水或用电量，以及低碳生产和生活模式普及程度等。

第六，城市宜业宜居特征。宜业宜居指的是适合居民创业和就业的环境、适合居民安居生活的便利条件以及二者之间的协调性。这一维度的评价内容应包括居民收入状况、居民居住环境和医疗保障情况等。在中国面临老龄化社会严峻挑战的现实背景下，城市养老机构的质量和数量以及相关行业的发达情况，也应当成为反映城市宜业宜居水平的重要元素。

（二）指标体系的目标层和内部构成

本文借鉴国内外相关研究成果，兼顾基础数据和资料易取得、易评价等方面的要求，确立了由 3 个目标层、6 项一级指标、33 项二级指标（含 3 项参考指标）构成的 IGHC 发展指数指标体系（见表 1）。

---

① 任勇：《用高水平生态环境保护推动经济社会高质量发展》，《中国环境报》2020年 12 月 11 日，第 3 版。

表 1　国际门户枢纽城市发展指数测度的指标体系

目标层	一级指标	二级指标	序号
经济竞争能力	城市发展水平	地区生产总值（亿元）	1
		地区一般公共预算收入（亿元）	2
		地区常住人口数量（万人）	3
		地区社会零售商品消费总额（亿元）	4
		地区全社会固定资产投资总额（亿元）	5
		地区全部工业增加值（亿元）	6
	对外开放水平	地区外贸进出口总额（亿元）	7
		地区实际利用外资总额（亿美元）	8
		地区国际入境游客数量（万人次）	9
		地区港口货物吞吐量（亿吨）	10
		地区港口集装箱吞吐量（万 TEU）	11
创新和服务能力	科技创新水平	地区全社会研发投入占 GDP 比重（%）	12
		地区技术合同交易总额（亿元）	13
		地区每万人发明专利拥有量（件）	14
		地区高新技术企业数量（家）	15
	城市综合服务水平	地区第三产业增加值占 GDP 比重（%）	16
		地区金融机构年末本外币存款余额（亿元）	17
		地区财政支出中的教育费支出（亿元）	18
		地区航空旅客吞吐量（万人次）	19
		地区全社会旅客运输量（万人次）	20
		地区拥有卫生技术人员数量（万人）	21
		地区拥有医疗床位数量（万张）	22
成长性及发展潜力	发展活力及消费水平	地区常住人口城镇化率（%）	23
		城市建成区面积（平方公里）	24
		地区市场经济体规模（万户）	25
		地区在校大学生和研究生数量（万人）	26
		地区居民人均可支配收入（万元）	27
		地区全体居民人均年消费支出（元）	28
	生活品质及绿色水平	地区单位从业人员年平均工资（元）	29
		城市人均住房建筑面积（平方米）	30
		城市建成区绿化覆盖率（%）	31

续表

目标层	一级指标	二级指标	序号
成长性及 发展潜力	生活品质 及绿色水平	地区全年空气质量优良天数占比（%）	32
		地区单位 GDP 用电量（千瓦时/万元）	33

1. 经济竞争能力

这一目标层包括"城市发展水平"和"对外开放水平"2 项一级指标、11 项二级指标。二级指标分别是：地区生产总值、地区一般公共预算收入、地区常住人口数量、地区社会零售商品消费总额、地区全社会固定资产投资总额、地区全部工业增加值，以及地区外贸进出口总额、地区实际利用外资总额、地区国际入境游客数量、地区港口货物吞吐量、地区港口集装箱吞吐量。其中，地区港口货物吞吐量和地区港口集装箱吞吐量两项指标，仅作为 IGHC 发展指数测度的参考指标使用。

2. 创新和服务能力

这一目标层包括"科技创新水平"和"城市综合服务水平"2 项一级指标、11 项二级指标。二级指标分别是：地区全社会研发投入占 GDP 比重、地区技术合同交易总额、地区每万人发明专利拥有量、地区高新技术企业数量，以及地区第三产业增加值占 GDP 比重、地区金融机构年末本外币存款余额、地区财政支出中的教育费支出、地区航空旅客吞吐量、地区全社会旅客运输量、地区拥有卫生技术人员数量、地区拥有医疗床位数量。其中，地区航空旅客吞吐量仅作为 IGHC 发展指数测度的参考指标使用。

3. 成长性及发展潜力

这一目标层包括"发展活力及消费水平"和"生活品质及绿色水平"2 项一级指标、11 项二级指标。二级指标分别是：地区常住人口城镇化率、城市建成区面积、地区市场经济体规模、地区在校大学生和研究生数量、地区居民人均可支配收入、地区全体居民人均年消费支出，以及地区单位从业人员年平均工资、城市人均住房建筑面积、城市建成区绿化覆盖率、地区全年空气质量优良天数占比、地区单位 GDP 用电量。

二　IGHC 发展指数测度的方法及应用

（一）样本城市遴选和数据处理

1. 样本城市遴选

本文按照以下标准进行样本城市遴选：一是国家中心城市，包括北京、天津、上海、广州、重庆、成都、武汉、郑州、西安共 9 个城市；二是部分省会城市，包括沈阳、南京、杭州、济南、长沙共 5 个城市；三是国家计划单列城市，包括大连、青岛、宁波、厦门和深圳共 5 个城市；四是未进入上述序列的国内经济强市——苏州。[①]

2. 数据处理

为消除计算过程中不同性质、不同层级指标数据差异产生的影响，本文将运用优化后的"极差法"对选取的指标数据 X_{ij} 进行标准化处理。[②] 经过处理之后，r_{ij} 的取值范围为 $0.01 \leqslant r_{ij} \leqslant 1$。

对于正向指标，经过优化后的"极差法"公式如下：

$$r_{ij} = \frac{X_{j\max} - X_{ij}}{X_{j\max} - X_{j\min}} \times 0.99 + 0.01 \qquad (1)$$

对于逆向指标[③]，经过优化后的"极差法"公式如下：

$$r_{ij} = \frac{X_{ij} - X_{j\min}}{X_{j\max} - X_{j\min}} \times 0.99 + 0.01 \qquad (2)$$

式中，X_{ij} 表示第 i 个城市第 j 项指标的原始数据；$X_{j\max}$ 为第 j 项指标的最大值；$X_{j\min}$ 为第 j 项指标的最小值。

纳入 IGHC 发展指数评价体系的指标共 30 项。其中，有 29 项指标

---

① 2021 年 NBC（美国全国广播公司）与世界品牌实验室共同研究发布的全球 120 座发达城市名录显示，中国有 20 座城市上榜。除香港、台北外，上榜的其他 18 个城市已经全部被纳入"IGHC 发展指数测度"遴选的样本城市。本例中新增的两个城市是济南、厦门。

② 林同智、唐国强、罗盛锋等：《基于改进熵值赋权法和 TOPSIS 模型的综合评价应用》，《桂林理工大学学报》2015 年第 3 期。

③ 逆向指标是指那些数值越小越好的指标，如能耗、次品率等。建立多元指标的评价体系时，必须将逆向指标转为正向指标，才能对评价体系进行统一测度。

为正向指标，可以应用公式（1）进行标准化处理；有 1 项指标（地区单位 GDP 用电量）为逆向指标，需要应用公式（2）进行标准化处理。

（二）计算公式及指标权重

本文采用熵值法确定各项指标权重。根据信息熵理论，通过熵值法得到的信息熵越小，信息无序度越低，信息效用值越大，指标权重越大。利用熵值法确定多元评价体系中各项指标权重的优点在于，它属于客观赋权法，相对于德尔菲法，可以避免过大的主观性影响。[①]

在应用熵值法进行特定目标的评价过程中，可以设 m 个评价样本、n 个评价指标，形成原始数据矩阵：$X = \{x_{ij}\}_{m \times n}$。

计算过程分为以下几个步骤：

第一步，利用公式（1）、公式（2）进行数据的标准化处理。

第二步，依据公式（3）对指标做比重变换：

$$s_{ij} = \frac{X_{ij}}{\sum\limits_{i=1}^{m} X_{ij}} \tag{3}$$

式中，s_{ij} 表示第 i 个城市第 j 项指标变换后的数值。

第三步，依据公式（4）计算指标熵值：

$$E_j = -k \sum_{i=1}^{m} s_{ij} \ln s_{ij} \tag{4}$$

式中，$i = 1, 2, \cdots, m$；$j = 1, 2, \cdots, n$；常数 $k = 1/\ln m$；E_j 表示第 j 项指标的熵值。

第四步，根据公式（5）计算指标权重：

$$W_j = \frac{1 - E_j}{n - \sum\limits_{i=1}^{m} E_j} \tag{5}$$

运用上述方法，计算获得的评价指标权重系数如表 2 所示。

---

① 段秀芳、殷祯昊：《"一带一路"沿线国家投资便利化：水平、挑战与对策——基于熵值法的测度分析》，《新疆财经》2020 年第 2 期。

表 2　国际门户枢纽城市发展指数测度的指标权重

目标层	一级指标	二级指标	权重
经济竞争能力	城市发展水平	地区生产总值	0.0333
		地区一般公共预算收入	0.0324
		地区常住人口数量	0.0337
		地区社会零售商品消费总额	0.0336
		地区全社会固定资产投资总额	0.0341
		地区全部工业增加值	0.0333
	对外开放水平	地区外贸进出口总额	0.0325
		地区实际利用外资总额	0.0322
		地区国际入境游客数量	0.0323
		地区港口货物吞吐量	0
		地区港口集装箱吞吐量	0
创新和服务能力	科技创新水平	地区全社会研发投入占 GDP 比重	0.0334
		地区技术合同交易总额	0.0314
		地区每万人发明专利拥有量	0.0333
		地区高新技术企业数量	0.0321
	城市综合服务水平	地区第三产业增加值占 GDP 比重	0.0338
		地区金融机构年末本外币存款余额	0.0320
		地区财政支出中的教育费支出	0.0332
		地区航空旅客吞吐量	0
		地区全社会旅客运输量	0.0312
		地区拥有卫生技术人员数量	0.0340
		地区拥有医疗床位数量	0.0341
成长性及发展潜力	发展活力及消费水平	地区常住人口城镇化率	0.0343
		城市建成区面积	0.0334
		地区市场经济体规模	0.0336
		地区在校大学生和研究生数量	0.0338
		地区居民人均可支配收入	0.0342
		地区全体居民人均年消费支出	0.0342
	生活品质及绿色水平	地区单位从业人员年平均工资	0.0335
		城市人均住房建筑面积	0.0343
		城市建成区绿化覆盖率	0.0341

续表

目标层	一级指标	二级指标	权重
成长性及 发展潜力	生活品质 及绿色水平	地区全年空气质量优良天数占比	0.0342
		地区单位 GDP 用电量	0.0345
权重合计			1.0000

（三）评价结果

1. 数据来源及相关说明

本文依据公开发布的统计报告和公开出版的专业年鉴对 20 个样本城市的统计数据进行了整理，并参照第四次全国经济普查和第七次全国人口普查数据，对样本城市的对应数据进行了更新。其中，需要特别说明的问题有以下几点。

首先，部分指标采用了 2019 年数据。这一选择的原因有两个。一是该项指标 2020 年数据当时尚未公开发布。例如，城市建成区面积、城市建成区绿化覆盖率、地区全社会研发投入占 GDP 比重等。二是为回避新冠肺炎疫情突袭而至给相关指标带来的异常变化。选择 2019 年这样一个常态化年份有助于准确反映不同城市的真实情况。

其次，有 3 项参考指标未被纳入 IGHC 发展指数测度的评价序列（权重为零）。原因是，若干样本城市无此项指标可考察，难以进行比较，只能舍弃。

最后，IGHC 发展指数评价体系中含有的逆向指标（如地区单位 GDP 用电量）已经按照规范方法进行了"逆转正"处理。

2. 样本城市 IGHC 发展指数的测度

本文在对样本城市原始数据整理、转换和折算基础上，应用公式（6），对遴选的 20 个沿海和内陆样本城市的单项指标得分和综合得分进行了测度。

$$Z = \sum_{j=1}^{n} W_j r_j \tag{6}$$

式中，W_j 表示指标权重；r_j 表示标准化值。

根据 IGHC 发展指数测度结果，可分别列出 20 个样本城市综合得分及 3 个目标层（经济竞争能力、创新和服务能力、成长性及发展潜力）得分情况（见表 3）。

表 3　样本城市 IGHC 发展指数测度综合得分及目标层得分

单位：分

城市	综合得分	经济竞争能力得分	创新和服务能力得分	成长性及发展潜力得分
北京	0.7206	0.1669	0.2715	0.2820
天津	0.2905	0.0737	0.0754	0.1411
上海	0.6784	0.2396	0.1875	0.2512
广州	0.5507	0.1519	0.1279	0.2708
重庆	0.4411	0.1626	0.1067	0.1717
成都	0.4365	0.1309	0.1220	0.1835
武汉	0.3200	0.0769	0.0778	0.1652
郑州	0.2303	0.0528	0.0528	0.1246
西安	0.2869	0.0512	0.0910	0.1446
沈阳	0.1836	0.0126	0.0444	0.1267
南京	0.3549	0.0627	0.0772	0.2149
杭州	0.3467	0.0697	0.0818	0.1952
济南	0.2268	0.0295	0.0511	0.1462
长沙	0.2646	0.0503	0.0410	0.1734
大连	0.1469	0.0165	0.0282	0.1023
青岛	0.2586	0.0595	0.0519	0.1474
宁波	0.2671	0.0555	0.0347	0.1769
厦门	0.2499	0.0366	0.0325	0.1807
深圳	0.5876	0.1807	0.1470	0.2599
苏州	0.3270	0.1106	0.0613	0.1550

注：①表中城市的先后顺序按照国家中心城市（以批复时间为序）、省会城市（以《中国统计年鉴》中行政区划名录为序）、国家计划单列城市（以计划单列文件的城市名单为序）、万元 GDP 城市（未进入上述序列的按 GDP 大小排序）排列。②为便于对 IGHC 发展指数测度结果进行识读，在以下的内容中将对各项测度得分，分别乘以 100，使之变成百分制的数据。例如，北京综合得分为 0.7206 分，整理后得分为 72.06 分。

三　基于 IGHC 发展指数测度结果的比较研究和延展分析

（一）一级指标的分类解读

为进一步解读国际门户枢纽城市发展指数测度结果，本文分别对各个样本城市的一级指标得分情况进行了具体分析。

1. 城市发展水平

分析反映城市发展水平的各项二级指标可以发现两个特征。一是地区 GDP 规模是影响城市能级的重要因素，那些 GDP 规模较大的城市，在 IGHC 测度中发展层级评价亦较高。如表 4 所示，上海得分为 17.08 分（最高），厦门得分为 0.88 分（最低）。二是城区常住人口规模是影响城市能级的关键因素。厦门在本项指标中得分之所以最低，与人口规模较小同样有很大的关系。

表 4　样本城市"城市发展水平"序列各项指标合计得分

单位：分

城市	得分	城市	得分
北京	12.71	南京	5.41
天津	5.99	杭州	5.80
上海	17.08	济南	2.74
广州	8.84	长沙	4.14
重庆	14.02	大连	1.10
成都	8.23	青岛	4.67
武汉	6.04	宁波	4.41
郑州	4.52	厦门	0.88
西安	3.64	深圳	11.45
沈阳	1.05	苏州	8.28

2. 对外开放水平

分析反映对外开放水平的各项二级指标可见，地区外贸进出口总额和地区实际利用外资总额对样本城市开放度评价有重要影响；地区国际入境游客数量是样本城市国际性人员流动规模的典型表现。在各个样本城市中，上海（6.88 分）、深圳（6.62 分）、广州（6.35 分）之所以得分较高，与上述几项指标领先直接相关。厦门（2.78 分）本项指标得分的跃升，同样与上述指标的领先性有直接联系（见表 5）。

表 5　样本城市"对外开放水平"序列各项指标合计得分

单位：分

城市	得分	城市	得分
北京	3.98	南京	0.86

城市	得分	城市	得分
天津	1.38	杭州	1.17
上海	6.88	济南	0.21
广州	6.35	长沙	0.89
重庆	2.24	大连	0.55
成都	4.86	青岛	1.28
武汉	1.65	宁波	1.14
郑州	0.76	厦门	2.78
西安	1.48	深圳	6.62
沈阳	0.21	苏州	2.78

3. 科技创新水平

分析反映科技创新水平的各项二级指标可见，科技投入和高新技术企业规模对该领域 IGHC 发展能级评价有重要影响。在本序列各项指标综合评价中，北京得分（13.02 分）最高，充分显示出其国家科技中心的显赫地位；深圳（7.27 分）和上海（5.48 分）得分较高，与其高新技术企业数量全国领先密切相关；西安、广州、南京、武汉等城市则显示了高校云集的优势（见表6）。另外，苏州得分（3.25 分）较高则得益于全社会研发投入占 GDP 比重指标的领先性。同理，一些城市之所以在各项指标中得分很低，则是因为在反映科技创新水平的 4 项二级指标上全面落后。对此有关方面应当高度警惕。

表6　样本城市"科技创新水平"序列各项指标合计得分

单位：分

城市	得分	城市	得分
北京	13.02	南京	3.38
天津	2.34	杭州	2.89
上海	5.48	济南	1.34
广州	3.80	长沙	1.40
重庆	0.37	大连	1.18
成都	1.82	青岛	1.55
武汉	2.88	宁波	1.20
郑州	0.42	厦门	1.74

城市	得分	城市	得分
西安	4.54	深圳	7.27
沈阳	1.08	苏州	3.25

4. 城市综合服务水平

分析反映城市综合服务水平的各项二级指标可见，超大型和特大型城市在该序列评价中通常具有明显优势。例如，北京（14.13分）和上海（13.27分）得分遥遥领先，成都（10.38分）和重庆（10.30分）紧随其后均与此密切相关（见表7）。深圳（7.43分）在该序列得分远远低于上述城市，与其城市空间的狭窄局促有重要关系，但若论有限空间集约服务能力，深圳肯定具有强大实力。另外，宁波和苏州两大国内经济强市在该指标上没有出色表现，这也与其综合发展水平不足直接相关。

表7 样本城市"城市综合服务水平"序列各项指标合计得分

单位：分

城市	得分	城市	得分
北京	14.13	南京	4.34
天津	5.20	杭州	5.29
上海	13.27	济南	3.77
广州	8.99	长沙	2.70
重庆	10.30	大连	1.64
成都	10.38	青岛	3.64
武汉	4.90	宁波	2.27
郑州	4.86	厦门	1.51
西安	4.56	深圳	7.43
沈阳	3.36	苏州	2.88

5. 发展活力及消费水平

分析反映发展活力及消费水平的各项二级指标可以看到三个现象。一是头部城市领先格局明显。例如，广州（16.28分）、上海（15.84分）、北京（15.49分）、深圳（14.48分）得分明显处于领先位置（见表8）。二是诸多城市得分相近，彼此间的竞争和激励效应显著。例如，成都、杭州、武汉、天津、重庆之间的得分差距均在毫厘之间。三是以传统制造业为突出特征的城市，在该项指标的评价中得分明显偏低。这一情况表明，如何兼顾发展活力及消费水平是一个新的挑战。

表8 样本城市"发展活力及消费水平"序列各项指标合计得分

单位：分

城市	得分	城市	得分
北京	15.49	南京	10.39
天津	9.01	杭州	9.45
上海	15.84	济南	6.57
广州	16.28	长沙	7.68
重庆	8.63	大连	3.61
成都	9.48	青岛	6.86
武汉	9.22	宁波	5.89
郑州	6.35	厦门	7.31
西安	6.99	深圳	14.48
沈阳	6.80	苏州	7.47

6. 生活品质及绿色水平

分析反映生活品质及绿色水平的各项二级指标可见，各个样本城市均有长足进步，得分也比较相近（见表9）。其中，宁波在该序列得分的跃升主要受益于单位从业人员年平均工资、城市人均住房建筑面积、城市建成区绿化覆盖率和全年空气质量优良天数占比等指标。另外，多数样本城市该指标得分比较接近的情况也表明，历经多年努力，多数样本城市的居民生活品质及城市绿色发展状况已经达到较高水平，与国内其他城市相比，在发展潜能方面具有较强的竞争力。

表9 样本城市"生活品质及绿色水平"序列各项指标合计得分

单位：分

城市	得分	城市	得分
北京	12.71	南京	11.10
天津	5.10	杭州	10.07
上海	9.28	济南	8.05
广州	10.80	长沙	9.66

续表

城市	得分	城市	得分
重庆	8.54	大连	6.62
成都	8.87	青岛	7.88
武汉	7.30	宁波	11.80
郑州	6.11	厦门	10.76
西安	7.47	深圳	11.51
沈阳	5.87	苏州	8.03

（二）沿海和内陆样本城市发展特征分析

为充分发掘 IGHC 发展指数综合测度的内在价值，本文以沿海和内陆样本城市在 IGHC 发展指数测度中的得分情况为依据，结合有关城市的相关信息，对二者的发展特征做简要分析。

1. 沿海城市具有依托港口扩大对外开放的明显优势

为充分反映沿海和内陆样本城市的对外开放状况，本文将地区港口货物吞吐量和港口集装箱吞吐量两项指标作为重要参考依据，对样本城市中 10 个港口经济较发达城市的港口发展状况进行了比较。结果表明，我国沿海城市港口经济高度发达，对提升城市的开放度有重要影响。在国际贸易对港口依然具有重要依赖性的当今时代[①]，这些港口经济发达的城市（上海、宁波、广州、深圳、青岛、天津等）具有依托港口扩大对外开放的明显优势（见图 1）。

2. 众多内陆城市的航空枢纽和铁路枢纽优势日渐显露

为充分反映国内城市依托航空枢纽和铁路枢纽推动国际门户枢纽城市建设状况，本文对 IGHC 发展指数评价体系中设定的地区航空旅客吞吐量指标进行了比较。结果表明，上海和北京两大国际航空枢纽城市的航空旅客吞吐量已超过 1 亿人次，广州航空旅客吞吐量亦超过 7000 万人次，均已进入世界先进机场行列，并显示出国际航空枢纽的若干发展特征（见图 2）。另外，成都已成为国内第三个拥有"双机场"的城市，国

[①] 据央视财经《经济信息联播》报道，海运占世界贸易运输的 90% 以上（参见 https://guba.eastmoney.com/news，600295，10427791.html，最后访问日期：2021 年 6 月 6 日）。可见，港口对 IGHC 建设具有不可替代的重要作用。

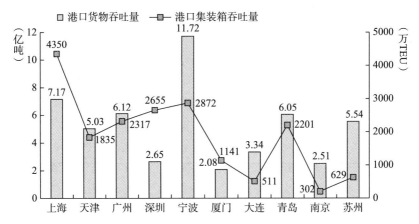

图1　部分样本城市 2020 年港口货物吞吐量及集装箱吞吐量比较

资料来源：各相关城市统计公报。

际航空枢纽港建设大大促进了成都发展能级的提升；郑州充分发挥铁路枢纽城市优势，以枢纽经济发展为推力，全面提升城市对外开放水平，已成功晋级为国家中心城市。样本城市的成功经验表明，在世界进入航空经济时代和中国高铁网络快速发展背景下，航空枢纽和铁路枢纽建设对提升城市竞争力具有重要影响，尤其是那些"服务全球""服务全国"的超大型和特大型中心城市，对两大枢纽的依赖度将更高。

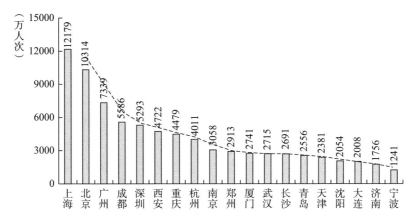

图2　样本城市 2019 年地区航空旅客吞吐量比较

注：为准确反映各机场旅客吞吐量的实际情况，本文采用了 2019 年数据。另外，因苏州没有自己独立的机场，图中无法显示其相关情况。

资料来源：各相关城市的统计公报、统计年鉴。

3. 省会城市和直辖市资金集聚能力突出，沿海开放城市蕴藏潜力

依据 IGHC 发展指数的测度结果可以得到以下几个重要判断。一是中心城市金融业发展迅猛，资金汇聚能力强，对城市发展能级具有显著推动效应。例如，北京作为国家金融中心城市，2020 年资金吸附能力已达到 18.81 万亿元，在国内金融领域的"霸主"地位无可撼动；上海作为国家经济中心城市，2020 年资金吸附能力已达到 15.59 万亿元，在国内城市中居第 2 位。二是省会城市资金集聚能力突出。例如，广州和杭州两市资金吸附能力分别达到 6.78 万亿元和 5.43 万亿元；紧随其后的成都、重庆、南京等发达省会城市（直辖市）资金吸附能力也都超过了4 万亿元。三是创新力显著的城市同时也是资金汇聚能力强大的城市。例如，深圳资金吸附能力已达到 10.19 万亿元，在国内仅次于北京和上海两市。四是沿海地区开放城市扬长避短，同样可以取得骄人成绩。例如，青岛突出国际财富管理特色，获得多个国际金融评价机构认同。在英国智库 Z/Yen 集团和中国（深圳）综合开发研究院 2021 年 9 月共同发布的"全球金融中心指数"（GFCI）第 30 期榜单中[1]，青岛在进入榜单的全球 116 个金融中心中综合排名列第 38 位；在进入本期榜单的国内城市中，位列北京、上海、广州、深圳、成都之后，居第 6 位[2]。

4. 航空枢纽港和铁路网络建设对城市枢纽地位有重大影响

在 IGHC 发展指数测度中，全社会旅客运输量（第 20 项）指标具有重要地位。那些枢纽度高的城市，得分通常较高，反之，则得分较低。但是，这一格局并非一成不变，尤其是在我国航空枢纽和铁路网络快速建设背景下，不仅那些地处枢纽地带的城市可以如虎添翼，获得腾飞机会，一些曾经偏居一隅的城市也完全可以把握国家交通布局战略调整的契机，实现华丽转身。例如，地处山东半岛最东端的青岛，虽有瑰丽山海风光和毗邻国际主航道之海港便利，但受半岛地理限制，高速铁路和高速公路建设受到束缚。在高铁和高速公路对城市发展日渐重要的时代，这一局限性曾一度使其面临被"边缘化"的尴尬境地。与此同时，青岛曾长期依托的流亭国际机场（2021 年 8 月 12 日已转场

---

[1] 全球金融中心指数（GFCI）是全球最具权威性的国际金融中心地位的指标指数，每年 3 月和 9 月定期更新以显示全球金融中心竞争力的排名变化情况。

[2] 《全球金融中心指数榜单发布，青岛位列中国第六》，腾讯网，https://xw.qq.com/cmsid/20210924A0BDMN00，最后访问日期：2021 年 10 月 16 日。

停用）虽创造了国内单航道机场仅次于厦门高崎国际机场的业绩，但受机场跑道和航空线路限制，航空旅客流量和航空货邮业务均受到重大限制。

但近年来这一情况已经发生重大变化。一是 2021 年 8 月胶东 4F 级国际机场正式启用，为青岛加强国际航空枢纽港建设创造了有利条件。据报道，到 2025 年，胶东国际机场可达到年旅客吞吐量 3500 万人次、货邮吞吐量 50 万吨、飞机起降 29.8 万架次的水平。[①] 届时，青岛将成为中国北方地区除北京之外规模最大、等级最高的航空枢纽港，对国际门户枢纽城市建设必将产生重大的促进作用。二是"京沪二线"及沿海铁路干线建设，带动了青岛高速铁路与国家高铁干线的快速联通，促进了青岛与京津冀地区、长三角经济带、中原城市群及中国西部地区和东北地区（"烟大跨海通道"已被纳入国家规划）的快速联通。不远的将来，伴随青岛"放射状高铁网络"逐渐成形，青岛的国际门户枢纽城市地位将进一步得到提升。届时，青岛将从根本上扭转"全社会旅客运输量"指标落后状况，并有望迈入国际性综合交通网络发达城市行列。

（三）IGHC 发展指数的三大应用价值

1. 判断样本城市发展层级

本文遴选的 20 个沿海和内陆样本城市在各自的优势领域均取得了突出的成就，并展示了各自的竞争力，但"十个指头有长短"，受多种发展因素影响，这些沿海和内陆样本城市的发展水平仍然存在较大差异。为准确评价各个样本城市 IGHC 的发展层级，本文采用规范的"等距分组法"，将每个发展层级的间距确定为 20 分，并依据样本城市 IGHC 发展指数的测度情况，为不同发展层级赋予了相应名称。其中，IGHC 第 1 个发展层级（超高级发展层）为 81 分及以上；IGHC 第 2 个发展层级（高级发展层）为 61 ~ 80 分；IGHC 第 3 个发展层级（准高级发展层）为 41 ~ 60 分；IGHC 第 4 个发展层级（高成长发展层）为 21 ~ 40 分；IGHC 第 5 个发展层级（一般发展层）为 20 分及以下。

---

① 《胶东国际机场启用！更大的空港，更大的开放，更大的梦想》，半岛网，ht-tp://news. bandao. cn/a/534108. html，最后访问日期：2021 年 8 月 12 日。

由 IGHC 发展指数的测度结果可见，北京和上海作为国内两个一流城市，综合得分均在 70 分左右，共同进入"高级发展层"；深圳、广州、重庆、成都 4 个准一流城市，综合得分均为 41～60 分，携手进入"准高级发展层"；其他样本城市则分别进入"高成长发展层"和"一般发展层"。目前，国内还没有城市进入 IGHC 发展指数测度的"超高级发展层"。

2. 服务于同类城市的比较研究

IGHC 发展指数的测度对开展不同类别样本城市的比较研究，尤其是推动同类城市的相互映照和相互激励具有重要的意义。例如，依据 IGHC 发展指数的评价结果，进行青岛与宁波两市发展状况的比较研究，不仅可以深入探究宁波以"工业发展＋港口发展＋外贸发展"带动国际门户枢纽城市建设的经验，为同样具有海港发展优势的青岛提供重要的借鉴，同时能举一反三地提供以高水平对外开放引领高质量发展的参考经验。又如，依据 IGHC 发展指数的评价结果，进行青岛与南京两市发展状况的对比分析，不仅可以深入剖析南京"以科技创新驱动城市发展"的成就，为青岛建设有海洋特色的创新引领型城市提供可借鉴的经验，而且能够提供具有普遍推广意义的新旧动能转换的典型案例。再如，对标上海和深圳 IGHC 发展指数的评价结果，不仅可以为众多城市提供跟随目标和学习榜样，同时还能使其反思自身的不足，时刻保持不断进取的创业之心和奋发有为的发展动力。

本文以沿海城市青岛与内陆城市济南的比较为例，分别就国际门户枢纽城市建设和区域经济一体化发展提出如下几点意见。

第一，济青两市各具发展优势。青岛在 IGHC 发展指数测度中的综合得分和排名均高于济南。但通过分析 IGHC 发展指数的 6 项一级指标可见，济南有 2 项指标的得分超过青岛。青岛之所以能够在综合得分和排名中居于领先地位，主要得益于两个元素：一是城市发展水平（地区生产总值、一般公共预算收入等）；二是对外开放水平（外贸进出口总额、实际利用外资总额等）。济南的优势则主要表现在城市综合服务水平、生活品质及绿色水平等方面。二者若能相互借鉴，补齐各自的短板，对提升各自的竞争力都将产生巨大的推力。

第二，济青两市应共塑协同发展格局。在山东省已经明确提出"双核"引领全省高质量发展的大背景下，济青两市都应提升战略站位意识，从共同推进国家重大战略落地实施着手，共建发展平台，相互取长补短，努力创造相得益彰、互为依托的城市协同发展关系，共同为山东经济和社会发展做出各自的努力。在此过程中，青岛尤其要做好两件事情：一是虚心学习济南的优点，提高城市生活品质和综合服务能级；二是发挥自身优势，主动为包括济南在内的各个地市的高水平对外开放提供优质的服务平台和高效率的业务支持。[①]

第三，济青两市协同发展可先从"通道"和"平台"建设切入。为推动济青两市深度合作与协同发展，可首先从推动两市的三个"协同"入手。一是推动两市协同构建经济协作大通道，携手开辟"东西互济、陆海联通"新局面。二是推动两市协同推进精品产业和精品城市建设，提升城市综合竞争力，避免重蹈一些城市因过度依赖"土地财政"而导致发展动能式微的覆辙。三是推动两市突破协同发展的体制和机制屏障，各展所长，共同承担相关领域的重大业务，包括共同承办各种国际会议、国际赛事、国际博览会、国际产品交易会、重大专项高峰论坛等，并努力使之成为有国际影响力的城市平台。同时，积极推动济青两市共同参与优势产业链和价值链建设，促进两市产业格局和资源高端配置能力共同迈上新台阶。

第四，青岛应在济青协同发展中发挥主动作用。青岛在济青协同发展中的主动作用包括，发挥青岛国内国际"双循环"节点城市独特价值，加快服务和融入"新发展格局"步伐，努力把国家赋予山东的各项重大战略任务，转化成为推动区域经济高质量发展的"新动能"。同时，应当依托中国 – 上海合作组织地方经贸合作示范区、中国（山东）自由贸易试验区、RCEP 青岛经贸合作先行创新试验基地等高水平对外开放平台，形成面向国际市场的资源和要素高端配置能力，创建推动区域经济健康稳定快速发展的"超级引擎"，为全省乃至更大区域的高质量发展赋能助力，同时也实现济青两市在新发展阶段实现"比翼双飞"和创建更高等级城市形态的夙愿（见图 3）。

3. 深化单项指标分析，发现经济运行中的"新问题"

本文以 IGHC 发展指数评价体系中的"地区单位 GDP 用电量"为例，就此做一些尝试。选择"地区单位 GDP 用电量"指标的原因在于，

---

① 徐苏涛：《大破局：中国新经济地理重构》，新华出版社，2021，第 119～136 页。

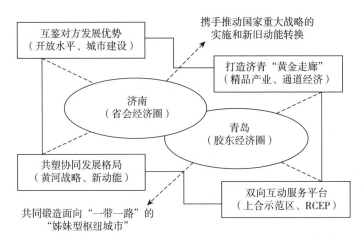

图 3　济青携手共建"姊妹型枢纽城市"的协同关系

电力行业不仅是关系国计民生的特殊行业，也是中国碳达峰和碳中和战略目标下最重要的"减碳"着力点。在经历了 2021 年下半年全国各地屡屡出现的大面积限产限电风潮后，深入分析样本城市在该项指标上的表现情况，既可以观察各个城市经济发展的现实状况（规模和效率），又可以判断其未来的可持续发展能力。从某种意义上说，面对"双碳"达标的严苛要求，"地区单位 GDP 用电量"已经成为关系城市发展前程的"大问题"，能否将这一重要能耗指标控制在一个合理的限度内，将成为关系城市未来竞争力的关键因素之一。①

为充分反映"地区单位 GDP 用电量"指标的特征，本文同时列出 20 个样本城市的"行业用电总量"②及"万元 GDP 用电量"两个指标，并采用组合图的样式，对其进行了展示（见图 4）。

由图 4 可以发现如下一些需要特别关注的现象。

第一，城市绿色发展水平对万元 GDP 用电量指标有重大影响。那些绿色发展水平较高的样本城市，在万元 GDP 用电量和行业用电总量两项指标上明显具有领先性。例如，武汉（290.3 千瓦时）、深圳（299.5 千瓦时）、

---

①　白永秀、鲁能、李双媛：《双碳目标提出的背景、挑战、机遇及实现路径》，《中国经济评论》2021 年第 5 期。

②　行业用电总量（包括第一产业用电量＋第二产业用电量＋第三产业用电量）是与居民生活用电量对应的一个概念。通常，从全社会用电量中减去居民生活用电量，即为行业用电总量。

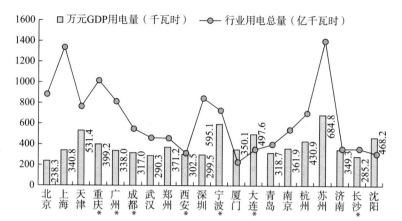

图4　样本城市2020年万元GDP用电量及行业用电总量比较

注：图中带＊号的城市数据为2019年数据，或参照经验数据计算得到的数据（如长沙）。

资料来源：各市统计年鉴及公开出版的专业年鉴等。

西安（302.5千瓦时）等在万元GDP用电量指标上均具有这一特征。

第二，城市产业结构对万元GDP用电量有明显影响。例如，2020年北京服务业在GDP中的占比已达到83.87%，其"万元GDP用电量"为238.3千瓦时，具有明显先进性。[①] 相反，那些产业结构明显偏重的城市，如天津（531.4千瓦时）、宁波（595.1千瓦时）、大连（497.6千瓦时）、沈阳（468.2千瓦时）等"万元GDP用电量"指标明显偏高。以宁波为例，近年来，该市的工业领域保持快速成长势头，与国内同类城市相比在产出规模上形成明显的竞争优势。[②] 但也要看到，在严苛的"双碳"达标要求面前，其万元GDP用电量高达595.1千瓦时的能耗水平（约超过武汉、深圳等城市1倍），将对其未来发展前景构成严峻挑战。

第三，个别城市行业用电总量畸高，应给予密切关注。例如，苏州的行业用电总量2020年达到1381.3亿千瓦时，与同年GDP产出比苏州高出约1.8万亿元的上海行业用电总量（1319.0亿千瓦时）相比，还要多出62.3亿千瓦时；另外，苏州万元GDP用电量高达684.8千瓦时，超

---

① 2020年，北京服务业用电总量为579亿千瓦时，服务业用电量排名全国第1位。

② 《Top50榜单出炉！赛迪重磅发布〈2020先进制造业城市发展指数〉》，"赛迪研究院"百家号，https://baijiahao.baidu.com/s？id＝1684115674003702529&wfr＝spider&for＝pc，最后访问日期：2020年11月23日。

出上海万元 GDP 用电量约 1 倍，超出北京、武汉、深圳、西安等城市的数量更多。对苏州行业用电总量畸高的情况，可能的解释来自两个方面：一是苏州的工业规模大、耗能产业占比高，导致单位 GDP 产出耗能大；二是行业用电总量与 GDP 之间的对应关系可能有所错位。地区行业用电规模可能有所夸大，或地区 GDP 产出未能囊括。

第四，个别城市万元 GDP 用电量畸低，也需密切关注。例如，按照长沙 2020 年 GDP 12143 亿元进行计算，其万元 GDP 用电量约为 285.2 千瓦时。① 这一数据在所有样本城市中具有明显先进性。但若参照上海万元 GDP 用电量 340.8 千瓦时推算：长沙实现当年 GDP 规模，行业用电总量应不低于 413.8 亿千瓦时。反之，若行业用电总量不变，则当年 GDP 规模可能要"缩水"。类似情况还有许多。出现这一现象的深层原因，尚待深入调查研究。

Measurement of International Gateway Hub City Development Index and Comparative Study of Coastal and Inland Sample Cities

Li Li[1], Liu Kai[2], Wang Peng[3]

(1. Qingdao University of Science and Technology, Qingdao, Shandong, 266000, P. R. China; 2. Qingdao Vocational and Technical College of Hotel Management, Qingdao, Shandong, 266000, P. R. China; 3. Shandong Emergency Industry Association, Qingdao, Shandong, 266000, P. R. China)

Abstract: This paper expounds the basis for the establishment of the International Gateway Hub City (IGHC) development index evaluation system, and takes 20 important cities in China as samples to measure the IGHC development index with scientific and standardized methods. The results show that

① 2020 年，长沙市的总用电量为 411.68 亿千瓦时，减去居民生活用电量 65.42 亿千瓦时（按照经验数据估算，但存在被低估的可能），行业用电总量约为 346.26 亿千瓦时。

the sample cities can be divided into different tiers such as advanced develop-ment tier, quasi-advanced development tier, high-growth development tier, general development tier. Although they have different energy levels and var-ied standards, they have their own characteristics, and highlight the distinctive characteristics of IGHC from different aspects. This paper also carried out three extension studies based on the measurement results of IGHC develop-ment index: firstly, combining with the first-level index scores of sample cit-ies, some important phenomenons were classified and interpreted; Secondly, the different characteristics of coastal and inland sample cities were compared around the IGHC construction demand. Thirdly, the electricity consumption per unit of GDP index was selected for thematic discussions on the develop-ment quality closely related to IGHC.

Keywords: Gateway City; Hub City; International Gateway Hub City; Cosmopolis; Permanent Population Urbanization Rate

（责任编辑：孙吉亭）

海洋经济赋能区域高质量发展策略研究

潘 琳*

摘 要 海洋经济是我们推动新旧动能转换、经济发展增长极培育、增长空间扩展的重要载体，因此利用好海洋经济的这些能力来促进区域经济高质量发展就成为我们的目标。目前学术界关于海洋经济赋能区域高质量发展的指标体系建设尚未形成共识。本文根据海洋经济的特点以及与海洋相关的各类活动特性，将海洋经济赋能区域高质量发展暂且概括为海洋科技创新能力强、与其他区域协同发展及辐射能力大、产业结构调整与新旧动能转换能力好、生态环保理念优先、沿海村居幸福感指数高等关键点，以青岛蓝谷辐射即墨腹地为案例，探索海洋经济赋能区域高质量发展的策略。

关键词 海洋经济 海洋科技 城市空间结构 生态功能 青岛蓝谷

海洋里存在人类未来发展的空间、能源和广阔前景，海洋经济影响着中国现代化经济建设的未来和前景。海洋经济不是单独存在的，它契合于城市经济总量中，影响着周边社会经济的发展质量和高度。中国进入高质量发展阶段，就要求我们不仅要向发展要速度，更要向发展要质量、要效能、要可持续。国家"十四五"规划纲要提出："加快转变城市发展方式，统筹城市规划建设管理，实施城市更新行动，推动城市空

---

* 潘琳（1986～），女，中共青岛市即墨区委党校副教授，主要研究领域为区域经济、海洋文化。

间结构优化和品质提升。"① 这对我们完善城市功能、提升城市品质、改善人居环境、补齐城市短板、促进城市高质量发展提出了要求。海洋经济作为经济动力点之一，为城市高质量发展提供活力和支撑既是要求也是压力。现阶段，我们面临着社会新的主要矛盾的现实转化，社会主义现代化强国事业正快速从高速增长迈向高质量发展的转变大道上，中国海洋经济正在朝着高质量发展的目标前进，在这个过程中，我们要协调好城市更新与海洋经济高质量发展的关系，协同为区域经济社会高质量发展赋能助力。

一　海洋经济赋能区域高质量发展的关键点

（一）完善产业功能，实现产业空间拓展

在发展优势特色海洋产业的过程中，延伸出的产业链条将成为城市完善产业功能的重要抓手。比如，海洋生物加工产业的发展，可延伸出关于食品加工、生物辅料、医用原料、微生物技术研发等各类与海洋科技相关的企业。海洋教育培训服务及涉海商务服务等产业的发展，可拓展出海洋科普教育基地、法律及会计审计资产评估等商务型服务企业。这些企业在一定要求下产生，在种类、科技创新能力、创收能力等方面都表现上佳，增强了区域产业功能，拓展了产业发展空间。此外，在培育壮大创新市场主体的过程中，通过多举措、多渠道丰富了管理效能，为其他产业经济发展提供了样板和参考。

（二）提高科创能力，凝聚科创资源

海洋科技创新能力涉及范围较广，比如海洋科技人才数量、海洋科技投入比重、海洋研究机构的层次、海洋科技成果转化水平等。海洋经济对科技创新要求高，对科创资源的质量和数量需求大。大量科创人才和资源的到来为区域经济发展带来了无限的可能，同时因海洋经济而产生的高校和科研院所将持续发挥强大的创新作用，为智慧城市的发展献

---

① 《中华人民共和国国民经济和社会发展第十四个五年规划和2035年远景目标纲要》，中国政府网，http://www.gov.cn/xinwen/2021-03/13/content_5592681.htm?pc，最后访问日期：2021年3月13日。

计献策。此外，为了促进海洋科技成果顺利进行市场转化，不同地区创新了研发方案，创立了平台，引进了中介组织、行业协会等，这些服务体系为区域经济的科创能力提升提供了条件。

（三）完善生活功能，补齐公共设施短板

为了集聚高端海洋人才，完善的基础设施和现代化城市公共服务体系是前提。在发展海洋经济的过程中，其范围内的基础设施和现代化城市公共服务体系相对完善，因此，海洋经济赋能区域发展的关键点就是将范围内的基础设施和公共服务体系进行延展，延展至城市其他区域，带动整座城市的公共设施完备。此外，除了使公共设施完备、补充完善生活功能外，还应借助海洋经济范围内设施及服务的高质量来带动其品质提升。

（四）完善生态功能，保护修复绿地绿廊绿道

在推动海洋经济高质量发展的过程中，生态优先理念使其更加注重塑造生态圈层、实行绿色发展，其中探索的海洋生态保护补偿制度、绿色出行模式、环境风险排查、构建绿色生态屏障等方法都应该推行到海洋经济范围外，作为其他领域的参考模式。此外，还需从构建国土空间规划新格局方面，比如从节约集约利用土地、区域协同发展、生态优先理念下强化生态保护红线等入手，统筹利用好山、海、河、岛、泉、湾、滩等丰富自然资源，谋划好区域城市东部、北部、西部与海洋区域的协调发展，为全面高质量发展做好引领。

（五）完善人文功能，积淀文化元素魅力

文化是人类文明的展现，里面蕴藏着经济发展的内生动力。容纳百川、亘古通今的海洋文化是海洋经济发展的内在驱动力，它存在于海岸线周边，但海洋文化的辐射范围远超人类的想象，不仅影响着海岸上的村居百姓，而且其波及范围深入内陆，对于整个行政区域有着不可估量的潜移默化的作用。海洋文化里蕴含着史前海洋文化、海防文化、海商文化以及海洋民俗文化，这些文化通过历史遗存展现出来，海洋文化遗存也成为人类探索海洋文化的重要参照物。海洋经济赋能过程中，要把海洋文化的这种强大效力发挥出来。这种发挥离不开当地人文功能的完

善，只有通过人文功能的完善，不断挖掘海洋文化的内涵，增加人与文化的紧密接触，在人对海洋文化进行内化后，才能增加丰富和扩展文化的方式和手段，扩大文化对区域发展的影响。

二 海洋经济赋能区域高质量发展的实践探索

——以青岛蓝谷赋能即墨区为例

山东作为中国最大的半岛，三面环海，海岸线绵长，海洋资源富足，其资源禀赋在全国范围内屈指可数，海洋馈赠的这些天赋资源为山东推动海洋经济发展提供了条件和基础，海洋经济的发展不仅仅局限于本身，还应该成为辐射周边区域高质量发展的重要牵引力，因此，这既为山东进一步推动海洋经济赋能区域高质量发展提出要求和压力，也提供了动力。临海区域城市往往是海洋经济高质量发展的重要参与者，它们除了配合上级城市发展的要求外，本身的人才质量、城市空间规划、产业结构等也在潜移默化地受海洋经济高质量发展的影响。因此，海洋经济赋能区域高质量发展的策略研究就提上了日程，现阶段针对海洋经济赋能区域高质量发展的研究较少，也为其进行研究提供了理论需求。本文以青岛蓝谷与即墨区为案例，提炼海洋经济赋能区域高质量发展的样本策略，最终为中国海洋经济赋能区域高质量发展提供策略。

（一）海洋经济赋能区域发展的政策依据

依据 2019 年 7 月山东省发改委、山东省自然资源厅、山东省海洋局联合批复的《青岛蓝谷海洋经济发展示范区建设总体方案》，青岛蓝谷陆地面积 218 平方公里，其中示范区面积 97 平方公里。[1] 批复文件要求青岛市相关部门加大对示范区土地、资金等要素的投入，统筹协调解决重大问题，积极稳妥推进示范区建设，努力建设全国海洋经济发展的重要增长极，加快建设海洋强省的重要功能平台。

为了很好地利用海洋经济辐射区域经济，引领区域高质量发展，2018 年 1 月，国务院批复《山东新旧动能转换综合试验区建设总体方

---

[1] 张华：《青岛蓝谷国家级海洋经济发展示范区建设总体方案通过评估建设国际海洋科技创新高地》，《青岛日报》2019 年 4 月 19 日，第 2 版。

案》，力图实现三核引领——充分发挥济南、青岛、烟台三市综合优势，先行先试、辐射带动，打造新旧动能转换主引擎[1]，为全省新旧动能转换工作树立标杆。其中，青岛发挥海洋科学城、东北亚国际航运枢纽和沿海重要中心城市综合功能，突出西海岸新区、青岛蓝谷等战略平台的引领作用，打造东部沿海重要的创新中心[2]、海洋经济发展示范区，形成东部地区转型发展增长极。建立胶东经济圈一体化发展核心区，2020年山东省提出胶东经济圈一体化发展战略，要求构建合作机制完善、要素流动高效、发展活力强劲、辐射作用显著的区域发展共同体。其中，即墨东部的丁字湾区域是青岛市即墨区、烟台莱阳市和海阳市三市（区）共享湾区，是胶东五市（青岛、烟台、威海、潍坊、日照）的区域几何中心和山东半岛城市群的桥头堡。在胶东经济圈一体化发展的背景下，东部湾区具备成为协同胶东五市一体化发展重要支点的条件。

（二）青岛蓝谷海洋经济辐射即墨全域高质量发展过程中面临的问题

1. 产业困境

产业发展是海洋经济辐射区域高质量发展的重要抓手。但即墨区产业困境重重。2017 年，即墨工业产值虽居青岛第二，但地均产值、总体创新能力仍有较大提升空间。即墨区发明专利数较少，科学技术人员数较少，科学技术支出与高新技术企业排名靠后，整体科技创新处于落后水平，远低于崂山区与黄岛区。即墨地均 GDP 在青岛各区市中排名靠后。产业困境制约了蓝谷海洋经济赋能即墨区域发展。

2. 禀赋困境

靠海需智力型"吃海"，推动海洋经济辐射区域发展也离不开智力支持。在 2014 年青岛蓝谷规划正式获批后，即墨区发明专利授权量小幅度增加，但到 2015 年开始呈减少趋势，且与崂山区与黄岛区之间的差距

---

[1]　《国务院关于山东新旧动能转换综合试验区建设总体方案的批复》，中国政府网，http://www.gov.cn/zhengce/content/2018–01/10/content_5255214.htm？baike，最后访问日期：2018 年 1 月 10 日。

[2]　《国家发展改革委关于印发山东新旧动能转换综合试验区建设总体方案的通知》，中国政府网，http://www.gov.cn/xinwen/2018–01/17/content_5257607.htm，最后访问日期：2018 年 1 月 17 日。

不断增大。而在 2019 年依托蓝谷的科研院所发明专利申请量累计已达到836 件，授权量达到 690 件，差距明显。这说明蓝谷外区域的智力支持不够，拉低了即墨整体水平，这也为海洋经济辐射即墨发展带来了限制因素。

3. 人才困境

海洋经济赋能离不开人才支持。即墨科研院所数量占优，但仍需加大人才吸引力度。落户即墨的科研院所数量仅次于崂山区与市南区，位列全市第三，具有一定优势；蓝谷拥有各类各层次涉海人才 4.2 万人，但落户即墨的科研院所的在职人员低于市平均水平，仍需加大人才吸引力度。人才是推动海洋经济辐射区域高质量发展的关键因素，但即墨人才困境仍然存在。

4. 空间困境

城市发展空间约束使海洋经济在赋能城市品质方面蓄力不足。2019年，即墨仍存在城乡发展集约度不高、品质效能尚需提升等问题。比如，用地布局分散，利用效率较低；城乡发展不均衡，城镇内部建设用地结构失衡，中心城区存在大量城中村，工业用地发展集约度较低，从青岛各区市建设用地地均 GDP 对比来看，即墨区地均 GDP 低于青岛市平均水平①，远低于市南区、西海岸新区；现状用地布局较为分散，主城区发展与周边联系不强，呈现单一极核增长的模式，发展方向存在一定不确定性。一是从整体来看，即墨缺少一个"核"（中央商务区），以此来统领城市的发展；二是即墨本身东西向的距离（70km）是南北向距离（35km）的 2 倍，以往的发展更多地强调与青岛之间的交通联系，随着蓝谷的快速发展以及胶东国际机场即将投入使用，即墨东西向的框架就此拉开，而东西向交通的联系薄弱，不能满足日益增长的海洋经济辐射带动城市发展的需求。

5. 城市更新困境

城市更新是破解城市发展难题，实现城市高质量发展的重要抓手。海洋经济赋能区域高质量发展过程中面临城市更新的重要机遇和挑战，就要求把握好城市更新、城市发展、海洋经济赋能三者的关系，这就增加了难

---

① 段义猛、李欣、刘通：《青岛市即墨区城镇开发边界划定探索》，《规划师》2020年第 20 期。

度，更何况即墨城市更新过程中的挑战和问题不少。为加快推进城市更新工作，青岛市编制了《城市更新三年行动方案（2021—2023年）》，而当前即墨区存在的一定数量的老旧小区、城中旧村等问题较复杂。中心城区在城市的快速发展过程中产生了许多问题，城区规模过大，各片区发展不均衡，城市、村庄、厂区空间混杂交织，公共服务设施无法满足使用需求，亟须通过系统化的有机更新促进存量空间提质增效。面向实施的城市更新涉及多元要素的协调与协作，迫切需要一个专项规划指导城市更新工作有序开展。

（三）推动蓝谷海洋经济辐射即墨全域高质量发展的举措

明确发展思路。抓缺口，分担青岛国际国家职能。结合即墨发展基础，在国际海洋科技创新、国家先进制造业等方面分担青岛及蓝谷的国际国家职能，带动海洋科技能力的发展，为海洋经济赋能奠定技术基础。做支撑，强化对青岛及蓝谷的发展支撑。利用即墨优势，在规模、设施、空间、资源、经济等方面强化对青岛及蓝谷的发展支撑。青岛蓝谷的目标是成为海洋经济新的增长极，在其带动影响下，即墨利用自身空间相对充裕、生态环境优美、人文资源丰富、产业基础扎实等优势，极力配合蓝谷经济发展，争取海洋经济赋能机会。

构建形成全域发展新格局。青岛新一轮国土空间规划确立了"一主三副两城"的都市区空间结构，即墨、胶州、原胶南打造青岛都市区副中心城市，承担都市区专业化高端功能。即墨国土空间规划落实国家战略和青岛攻势要求，构建"一城两翼、一脉双轴、多组团"的城市发展新格局。一城指以古城为核心的即墨主城。两翼包括东西两翼，东翼指以蓝谷为核心的环鳌山湾区域，打造胶东经济圈发展示范区；西翼指以国际陆港为核心，形成以枢纽经济为特色的战略承载区。一脉指生态绿脉（崂山余脉）。双轴包括东西轴和南北轴，东西港湾创新轴联系开放智港、即墨主城、蓝色东湾，作为城市创新驱动发展的轴线；南北城市拓展轴南向加强与青岛融合发展，北向注重与莱西等区域协同发展，形成产业集群。多组团是指重要功能区和产业园区。贯彻全域全要素的管控。由城市发展引导单一要素转变为自然、人工全要素管控，将城市发展空间与山、水、林、田、草等作为一个整体来进行统筹，把海洋也纳入进来，改变以往规划注重陆域空间、城镇空间的观念，实行陆海统筹、全域全要素的规划理念。

完善公共服务体系。通过城市空间管控手段，结合空间和生态修复，提升城市品质，打造城市公共活动载体，促进城市生活与城市文化的交融提升，形成具有活力氛围的城市；精细化管理城市各类空间要素，合理控制城市高度、密度、色彩、风貌，建设时尚宜居的美丽城市；延续城市文脉，引导即墨老城区有机更新，塑造具有突出山水文化格局的魅力城市。目前青岛主城区建设空间不足，争取已在蓝谷落户的市级公共服务设施（如市图书馆、博物馆、档案馆、文化馆、美术馆、优质高中等）落户即墨其他区域，建立蓝谷教育、医疗等公共服务资源与即墨腹地的互动交流机制，实现优质资源共享，补齐即墨短板，提升区域服务水平。争取大型国际活动的主题策划和引进，在即墨东部区域预留重大事件建设空间，并纳入青岛国土空间总体规划。

优先发展东部湾区。青岛东部湾区位于青岛市即墨区东部滨海区域，距离青岛主城区40公里、距离即墨城区15公里，包括鳌山卫街道、温泉街道、田横镇、田横岛省级旅游度假区和金口镇范围，总面积约为750平方公里。利用东部湾区朝"国家海洋经济融合发展示范区"发展目标迈进的势头，规划以蓝谷为参照和引领的方案，推动东部湾区海洋经济的进一步完善和发展；建设东亚渔业智能化提升的研发中心，引领半岛海洋渔业智能化技术的研发，形成胶东经济最国际化的研发战略要地；结合发展定位和诉求，优化调整海岸线，拓展军民融合、海洋三产融合相关功能，推动建设海洋三产融合先导区、军民融合示范区；加快打造国际休闲旅游目的地，以世界优质的溴盐温泉为基础，推进拈花湾温泉小镇、乐高城等项目建设。

延伸高端海洋装备制造产业链条。充分利用区域产业基础和女岛港升级一类开放口岸的优势，提升女岛产业园的产业定位，主要发展高端海洋装备制造产业，扩大产业发展规模，延长产业链条至即墨腹地，同时梳理周边低效和闲置土地，整合利用土地资源，提高土地利用效率。女岛港的定位应体现出"短平快"、专业化、区域性的特点，打造成为服务青岛蓝谷等周边区域的精品港口。同时，提前谋划升级后一类开放口岸的运营管理模式，以及考虑近期与造船厂的协同发展等问题。

丰富区域文化休闲旅游发展。海洋三产以高端滨海休闲文旅和生产/生活服务业等为主要发展方向。区域整体依托当地优质的山海岛滩湾和特色文化资源禀赋，充分借鉴国外先进的发展和运营理念，打造成为丰富多样、主题突出、特色鲜明、品质高端的滨海旅游度假区，融入区域旅游体系，与青岛市域其他滨海旅游地共同打造世界级旅游度假目的地。驻地区域是区域休闲旅游的核心，承担三产融合发展示范区综合性服务功能，完善教育、医疗、文化等相关配套设施，优化用地结构，形成集餐饮娱乐、住宿、商务办公于一体的综合服务片区。以即墨区田横岛为例，田横岛及西侧区域结合花样年项目、东高山、山东头特色村落、月滩以及田横岛、驴岛等海岛资源，依托背山面海的环境、丰富的山海岛滩湾资源以及田横义士文化资源、山东头开海文化资源等，打造海洋高端特色文旅区。结合区域山脉海湾自然特征、广泛分布的村落和人文休闲资源点，城镇空间、乡村空间镶嵌于绿色的山海岛滩湾托盘之中，以生态、品质为导向，营造浓郁的休闲运动、海渔文化城乡风貌，规划滨海旅游公路，串联各功能节点、旅游节点，打造星链式旅游结构。

（四）案例效果

形成高质量规划发展理念。以海洋经济的高质量发展理念为引领，在城市发展过程中，从侧重规模扩张向注重集约高效发展。以往的城市规划主要靠做大城市预期发展规模来增加城市建设用地，而新一轮国土空间规划更强调土地的节约集约利用，研究存量用地挖潜、低效用地高效利用，探讨城市发展由外延式向内涵式转变、空间利用由粗放式向集约式转变的思路和方式。城市发展理念的彻底转变是海洋经济赋能区域发展最为关键的一点。

推动新旧动能转换成果显著。以青岛蓝谷为示范引领，推动海洋产业结构日趋完善，海洋产业链条进一步延长，促进形成新一轮产业集聚，形成不同类型的产业园区。在产业园区的影响下，产业发展宛如"多米诺"骨牌蔓延至即墨城区。一方面，结合即墨本地的纺织服装、汽车、现代商贸等主导产业，培育形成产业集群，形成聚合效应；另一方面，企业与海洋企业实现科技链、产业链和金融链条的交叉，实现了互促共赢的发展势头，推动了产业结构升级，加速了新旧动能转换。

形成"一带两环多园多廊"绿地网络体系。借鉴波士顿"翡翠项链式"绿廊系统和新加坡城市公园绿道系统，利用区域性城市绿道、城市水系等，有机串联起城市绿色空间，并与滨海休闲空间进行贯通联系，规划形成"一带两环多园多廊"的公园城市结构。"一带"指沿鹤山路、蓝鳌路形成的通陆达海城市绿带。"两环"指在中心城区和青岛蓝谷区域利用区域绿廊、水系等联系各公园绿地节点的区域绿环。"多园"指多个大型公园绿地节点,如墨河公园、汽车城公园、环秀湖公园、龙泉湖公园、滨海公园、马山公园等。"多廊"指多条沿河、沿路、带状公园塑造的生态廊道。形成"以山起势、以路串景、山海联动"的即墨公园城市绿地网络体系,营造出"300米见绿、500米见园"的宜居宜人环境,助推即墨公园城市建设进程,"把城市建在公园里",让城市融入大自然。

科技创新能力显著提升。近年来,在海洋科创人才集聚的思维引领下,即墨区在注重涉海人才集聚的同时,高度重视即墨腹地经济发展的人才驱动引领。通过涉海企业产业链条延伸,在推动即墨区新旧动能转换、产业结构转型升级以及工业互联网发展完善的同时,实现了高端人才,比如"鳌山人才""拔尖人才"等的集聚,为科创能力提升奠定了基础。此外,科创成果转化打通了渠道,推进技术转移、知识产权等服务业发展,集聚、链接国内外各类科技创新技术转移机构和技术经纪人员,打通科研、产业、资本和成果转化链条。

形成即墨旅游综合服务区、女岛临港发展区、现代农渔业经济区、生态保护区。在青岛蓝谷影响和辐射下,滨海旅游综合服务区是即墨区省级旅游度假区的核心,承担区域性旅游服务功能,将被打造成为滨海度假旅游区、高端旅游区以及集餐饮娱乐、住宿、旅游购物、商务办公于一体的综合服务片区;女岛临港发展区是以港口物流和临港产业为主的产业发展片区,以优质自然资源为基础,以蓝谷、国家一类开放口岸建设为契机,建设成为集临港产业、高端旅游度假、科研平台、进出口贸易于一体的"精品港口"。滨海旅游公路延伸至即墨腹地,串联各旅游节点,形成岛链式的旅游结构,如周戈庄祭海节、田横岛旅游度假点。

三　海洋经济赋能区域高质量发展的建议

(一)明确区域职能定位

城市职能定位是对一个城市发展脉络的梳理。要将城市发展与海洋经济发展协同起来，首先要明确城市发展的职能与定位。对于有较为完备的产业基础和较大纵深的发展腹地的城市，海洋经济辐射区域高质量发展的过程中可利用该区域自身的区位、资源、产业等优势条件支撑海洋经济承担国际国家职能，作为海洋经济未来发展的重要阵地，争取城市空间分配适当向区域倾斜。除了承担职能责任外，还要履行好海洋经济区域腹地的义务，及时针对海洋经济发展的不足和问题，提供有效助力。

（二）把握宏观规划

一座城市要向发展要质量，必须加强顶层设计和系统谋划，推进落实新发展理念，思路上不断拓展、实践上不断丰富。全面落实规划纲要，坚持规划引领，构建形成完整的规划政策体系，推动全区高质量发展空间不断拓展。因此，要积极对接上级城市国土空间总体规划，参照海洋区域空间规划，优化城市发展空间，在城市更新的背景下，开展与海洋经济发展同步的绿地绿道、慢行系统、加油加气、文化、教育、卫生、体育、养老等内容。通过推动与海洋区域同步的公共服务体系的发展，构建陆海畅通的综合立体交通网，建设综合交通枢纽城市，从而让市民有更多、更直接、更实在的获得感、幸福感、安全感。

（三）促进区域协同发展

对于具备联络枢纽基础的区域，在统筹陆海发展的过程中，应当积极争取省级以上的政策支持，加速海洋经济与区域发展的互动与协同，承担更多责任，打造海洋经济高质量发展典范，实现设施共建共享、产业分工协作、生态共治共管。比如，通过实施市政设施建设攻坚行动，以"补短板、惠民生"为城市建设核心，与海洋区域看齐，重点围绕道路、供热、燃气、环卫、污水等市政设施建设，加快补齐短板，夯实城市发展基础，逐步构建"快速成网、节点立体、主干完善、次支贯通"的市政路网结构与"系统完备、高效实用、智能绿色、安全可靠"的现代化市政公用设施体系。

（四）继续提升科技创新能力

科技创新能力是区域高质量发展的关键点，也是海洋经济赋能的重要依托，因此，这个能力是城市发展的重要且永恒话题。应该依托海洋经济领域丰富的科研机构、人才与科技创新平台等资源，以全球化高峰论坛、展会为抓手，以市场需求为导向，构建以增值型生产性服务业为核心、以商务型生产性服务业为辅助的科技服务生态体系。借助海洋经济近年来探索的使科创能力提升的具体样板和基础平台，加速科研成果转化，提高科研成果转化率，大幅度提升科研对产业经济发展的驱动作用，也使区域腹地成为海洋经济的重要产业后方，培育出强大的科创能力，为海洋经济腾飞助力。

（五）借力打造城市中心

海洋经济赋能区域高质量发展的关键在于有一个借力点，将海洋经济的发展势头很好地就近输送。在城市更新背景下，不妨就近打造新城市中心，这也是现阶段城市空间拓展的内在需求。借助海洋经济发展势头，及时吸纳海洋经济的各种便宜条件和优势，竭力将区域打造成为交通便捷、公共服务设施完善、商业商务齐全、环境优美、宜居宜业的城市中心。比如，结合交通延伸，拓展轨道交通线路网络，形成海洋经济半小时辐射圈层，在加快海洋经济与辐射区域的商务办公、医疗健康、商业等产业和人口流动与集聚的过程中，放大海洋经济对城市中心建设的影响。

（六）节约集约利用土地

在城市更新过程中，通过综合整治、功能调整、拆除重建等方式，使现有土地用途、使用功能、空间形态或者资源、能源利用更加符合当前经济社会发展的要求。土地能否高效集约化利用关乎海洋经济对区域腹地的辐射效果，因此，乘借城市更新的东风，应该针对区域用地相对粗放、布局零散、耕地保护形势严峻等现状问题，按照国家要求，盘活存量现状建设用地，改变"项目＋地产"的捆绑开发模式，同时，努力向上级城市争取新增建设用地规模，全面推进区域国土空间分区规划编制工作，建立覆盖全域、海陆统筹的国土空间用途管控体系，使之成为区域各类开发保护建设活动的基本依据。

（七）构筑高品质滨海—腹地城区一体化休闲活力区

高品质滨海—腹地城区一体化休闲活力区有利于促进滨海与腹地人

口交流，能带动各种发展资源和关系的调配，这对于辐射功能的演变有一定助力。因此，在这个过程中，应通过开展城市更新攻坚行动，初步恢复城市街区整体风貌和景观，全力推动历史城区保护更新全面起势，同时沟通滨海，形成一体化结构，改善人居环境、补齐城市短板，打造活力、时尚、方便、温馨的历史街区，构筑高品质滨海—腹地城区一体化休闲活力区。

四　结论

海洋经济赋能是城市发展的新一轮机遇，如何在这个过程中把握海洋经济对区域高质量发展的带动和引领，是一个庞大的研究内容，这既需要考虑不同海洋经济本身的特色、风格和开放水平，同时也要综合考虑所要辐射的区域本身的产业结构、科创能力及人口资源的情况等。本文以青岛蓝谷辐射即墨及周边为案例，提出较多有实效价值的参照方法和策略，虽很有意义，但在使用借鉴时要科学研判不同区域的共性与特殊性，使本文提出的方法更有效力和价值。

Research on High-quality Development Strategy of Marine Economic Enabling Region

Pan Lin

(Jimo District Party School, Qingdao, Shandong, 266000, P. R. China)

Abstract: Marine economy is an important carrier for us to promote the transformation of old and new kinetic energy, the cultivation of economic development growth pole and the expansion of growth space. Therefore, make good use of these capabilities of marine economy to promote the high-quality development of regional economy has become our goal. At present, there is no consensus in the academic circles on the construction of index system for high-quality development of marine economic enabling regions. According to the characteristics of marine economy and various marine related activities, this paper temporarily summarizes the high-quality development of marine economy enabled areas as the key points of strong marine scientific and technological innovation ability, large coordinated development and radiation ability with other regions, good energy for industrial structure transformation and new and old kinetic energy transformation, priority of ecological and environmental protection concept, and high happiness index of coastal villages, Taking Qingdao Blue Valley radiating the hinterland of Jimo as an example, this paper explores the strategy of high-quality development of marine economic enabling region.

Keywords: Marine Economy; Marine Science and Technology; Urban Spatial Structure; Ecological Function; Qingdao Blue Valley

（责任编辑：谭晓岚）

· 海洋绿色发展与管理 ·

基于景气分析的海洋经济发展监测预警研究[*]

徐　胜　刘书芳[**]

摘　要　本文使用灰色关联分析法在景气指数分析框架下构建能够评价中国海洋经济发展的指标体系，并进一步对2005～2018年中国海洋经济发展进行监测预警分析。基于海洋经济发展指标体系，景气指数分析法中扩散指数和合成指数显示，中国海洋经济发展呈现景气增长的趋势；海洋经济预警系统中的综合预警指数显示，2005～2018年中国的海洋经济发展整体处于稳定区间。本文对中国海洋经济14年的运行情况进行动态监测预警，依据影响海洋经济发展的相关指标变化趋势，可为海洋经济的可持续发展提供研究依据。

关键词　海洋经济　海洋生产总值　海洋可持续发展　海洋经济监测　经济预警系统

---

　*　本文是国家社会科学基金重大专项"新时代海洋强国指标体系与推进路径研究"（项目编号：18VHQ003）的阶段性成果。

**　徐胜（1970～），女，中国海洋大学经济学院教授，博士生导师，中国海洋大学海洋发展研究院高级研究员，主要研究领域为经济结构转型与绿色金融、海洋经济。刘书芳（1998～），女，中国海洋大学经济学院硕士研究生，主要研究领域为经济结构转型与绿色金融、海洋经济。

一　引言

当今世界经济向海洋发展的趋势不断增强，中国海洋经济从 20 世纪 90 年代开始日益加快发展步伐，到目前已取得显著的发展成效，中国海洋生产总值由 2016 年的 69694 亿元增至 2020 年的 80010 亿元。"十四五"规划中明确提出"积极拓展海洋经济发展空间"①，海洋经济系统是由众多带有不稳定性和不可预测性的影响因素组成的，并且一直处于演变发展过程中。基于海洋经济系统极其复杂的特点和当前对海洋可持续发展的要求，海洋经济发展监测预警研究就显得尤为重要。

景气指数分析法已经是一种很成熟的可以预测经济波动起伏趋势的方法。21 世纪初期，经济景气波动分析理论和监测技术的应用开始在行业层面展开，迄今为止，预警分析在产业经济方面已经很成熟。针对海洋经济发展的监测预警研究，殷克东等通过采用灰色关联分析法对中国海洋经济监测指标进行类型划分，后对海洋经济的发展状态进行信号分析预警。② 周瑜瑛从省份层面对浙江省 2004～2010 年的海洋经济进行监测预警，使用 BP 神经网络模型对 2010 年之后的两年海洋经济综合预警指数进行分析预测。③ 李佳璐运用 2006～2011 年区域数据对上海市海洋经济可持续发展进行监测预警研究。④ 闫晓露和魏彩霞基于五大发展理念设计海洋经济高质量发展风险预警的评价指标体系，得出 2005～2017 年总体沿海地区综合预警指数变化幅度较小且海洋经济发展总体上呈现

---

① 《中华人民共和国国民经济和社会发展第十四个五年规划和 2035 年远景目标纲要》，中国政府网，http://www.gov.cn/xinwen/2021-03/13/content_5592681.htm，最后访问日期：2022 年 2 月 20 日。

② 殷克东、马景灏：《中国海洋经济波动监测预警技术研究》，《统计与决策》2010 年第 21 期；殷克东、马景灏、王自强：《中国海洋经济景气指数研究》，《统计与信息论坛》2011 年第 4 期。

③ 周瑜瑛：《浙江省海洋经济监测预警系统研究》，硕士学位论文，浙江财经学院，2012，第 10 页。

④ 李佳璐：《基于景气分析的上海市海洋经济可持续发展监测预警研究》，硕士学位论文，上海交通大学，2015，第 23 页。

一种稳定状态的结论。①

本文相较于以往文献研究，在海洋经济发展监测预警指标体系构建中，以"海上丝绸之路"的相关指标为代表来体现海洋经济的对外开放水平；基于海洋经济的经验数据，本文对 2005～2018 年数据进行实证，可对我国海洋经济 14 年的动态发展进行监测研究。

二 指标体系构建及景气指数分析

（一）海洋经济发展指标体系

1. 指标体系构建

指标体系构建的合理性是影响中国海洋经济监测预警结果的重要因素。本文基于指标选取原则和主要参考《2020 中国海洋经济发展指数》② 以确保海洋经济发展指标体系的合理性后，选取了以下三大类共 21 项指标组成中国海洋经济发展指标体系。

中国海洋经济发展指标体系应该是能够反映中国海洋经济发展状况的综合性体系，本文所构建的指标体系中具有 3 个一级指标、7 个二级指标以及 21 个三级指标（见表 1）。各层指标以及各子指标的选取可从不同方面体现海洋经济的发展运行状态，为后文景气指数分析和预警系统的实证研究奠定较好基础。

表 1　中国海洋经济发展指标体系

一级指标	二级指标	三级指标	单位	类型
发展水平	经济规模	海洋生产总值（X1）	亿元	正向
		海洋生产总值增长速度（X2）	%	正向
		海洋生产总值占国内生产总值比重（X3）	%	正向
		海洋生产总值对国民经济增长的贡献率（X4）	%	正向

---

① 闫晓露、魏彩霞：《中国海洋经济高质量发展风险预警研究》，《海洋经济》2021 年第 1 期。

② 《2020 中国海洋经济发展指数》，中国政府网，http://www.gov.cn/xinwen/2020-10/18/content_5552186.htm，最后访问日期：2022 年 2 月 20 日。

续表

一级指标	二级指标	三级指标	单位	类型
发展水平	经济结构	海洋第二产业增加值占海洋生产总值比重（X5）	%	负向
		海洋第三产业增加值占海洋生产总值比重（X6）	%	正向
	经济效益	沿海港口国际标准集装箱吞吐重量（X7）	万吨	正向
		沿海港口国际标准集装箱吞吐箱数（X8）	万标准箱	正向
		海洋劳动生产率（X9）	万元/人	正向
	开放水平	与海上丝绸之路沿线国家海关进出口额（X10）	万美元	正向
		与海上丝绸之路沿线国家对外经济合作完成额（X11）	美元	正向
发展成效	民生改善	涉海就业人员数（X12）	万人	正向
		人均水产品供应量（X13）	千克	正向
		全国渔民人均纯收入（X14）	元	正向
		沿海城市国内旅游人次（X15）	万人次	正向
发展潜力	创新驱动	海洋科研机构数量（X16）	个	正向
		万名涉海就业人员中海洋科研机构从业人员数（X17）	人	正向
		海洋研究与开发机构专利授权数（X18）	件	正向
	资源环境	平均每万人海域使用面积（X19）	公顷	正向
		工业污染治理废水完成投资额（X20）	亿元	正向
		海洋灾害直接经济损失额（X21）	亿元	负向

注：海上丝绸之路沿线国家包括韩国、日本、印度尼西亚、泰国、马来西亚、越南、柬埔寨、新加坡、菲律宾、缅甸、文莱、印度、斯里兰卡、巴基斯坦、科威特、沙特阿拉伯、土耳其、埃及、阿联酋、肯尼亚、坦桑尼亚、希腊、意大利。

大多数文献认为海洋产业中第二产业比重越高，其带来的污染也就越严重，海洋产业结构越不高级①，因此表 1 中海洋第二产业增加值占海洋生产总值比重是影响海洋经济发展的负向指标；海洋灾害直接经济损失额越大，海洋经济发展越缓慢，海洋灾害直接经济损失额为负向指标，其余 19 个指标的影响类型均为正向。

2. 数据来源

指标体系中的 21 个三级指标的原始数据来源于中经网统计数据库、

---

① Jinghui Wu, Bo Li, "Spatio-temporal Evolutionary Characteristics of Carbon Emissions and Carbon Sinks of Marine Industry in China and Their Time-dependent Models," *Marine Policy* 135（2022）：104879；纪建悦、孙筱蔚：《海洋产业转型升级的内涵与评价框架研究》，《中国海洋大学学报》（社会科学版）2021 年第 6 期。

锐思数据、《中国海洋统计年鉴》。

（二）景气指标筛选

1. 指标筛选方法

景气指数分析法框架下先行指标提前改变可以预测海洋经济未来走势，同步指数可以反映出对应年份下海洋经济的发展情况，滞后指标则可对之前海洋经济的变化情况进行验证。根据三类景气指标所具有的特性和在景气指数分析法中的不同实证作用，将三类指标综合应用于中国海洋经济的景气指数分析，可以对海洋经济的变化趋势进行更好的判断。

三类指标是依据实证中所确定的各景气指标与基准指标之间的关系进行分类的。目前文献中较多使用的分类方法有峰谷对应法、K-L 信息量法和时差相关分析法，这三种方法在指标筛选的精确度或数据量要求上均具有一定的局限性，根据中国海洋经济发展的特点，以上方法并不适合对其进行监测预警研究。本文综合参考文献后运用灰色关联分析法进行景气指标的分类筛选，该方法所要求的样本数据不需要具有大量性且对样本个数和样本序列的规律性均无限制，对于海洋经济系统的动态演变尤为适用。

灰色关联分析法对指标进行分类是先确定基准循环，然后将指标体系中其余待测指标的同期序列（$K = 0$）、提前 $1 - K$ 期序列（$K = -1$，-2，$\cdots$，$-n$）以及滞后 $1 - K$ 期序列（$K = 1$，2，$\cdots$，n）分别与基准循环的同期序列进行比较。通过各比较序列与基准序列之间关联度数值的升降次序，进而对待测指标属于先行、同步或者滞后指标类别给予判断。具体处理过程如下。

首先，对数据进行初值化处理。$X_0(t)$ 是基准指标序列，$X_i(t)$ 为待测指标序列，其中，时间用 $t(t = 1, 2, \cdots, m)$ 代表，各个待测指标序列以 $i(i = 1, 2, \cdots, n)$ 进行表示。本文采用更加客观的初值化方法对灰色关联分析法所用数据进行无量纲化处理，以消除各指标因不同物理量的量纲对关联度数值的影响。指标中的正指标是指在表 1 中指标类型为"正向"的指标，逆指标则是指指标类型为"负向"的指标。根据式（1）对数据初值化后，会形成新的实证处理数据。

$$Z_i = \begin{cases} \dfrac{X_i}{X_0} \times 100\% \ , & 正指标 \\[2mm] \dfrac{X_0}{X_i} \times 100\% \ , & 逆指标 \end{cases} \tag{1}$$

其中，X_0 是序列 i 的基期值，X_i 是各待测序列的原始值，Z_i 是各序列进行初值化处理后得到新序列的数值。

其次，建立待测序列与基准序列的提前或滞后各期的比较序列参照表（见表 2）。其中，时差 K 取负数时代表待测序列提前，取正数时则代表滞后。

表 2　比较序列参照

基准序列	待测序列				
	$K = -2$	$K = -1$	$K = 0$	$K = 1$	$K = 2$
	$X_i(1)$				
	$X_i(2)$	$X_i(1)$			
$X_0(1)$	…	$X_i(2)$	$X_i(1)$		
$X_0(2)$	$X_i(m-1)$	…	$X_i(2)$	$X_i(1)$	
…	$X_i(m)$	$X_i(m-1)$	…	$X_i(2)$	$X_i(1)$
$X_0(m)$		$X_i(m)$	$X_i(m-1)$	…	$X_i(2)$
$X_0(m-1)$			$X_i(m)$	$X_i(m-1)$	…
				$X_i(m)$	$X_i(m-1)$
					$X_i(m)$

再次，依据比较序列参照表进行关联系数的计算，第 i 个指标序列在第 t 年的关联系数 $\varepsilon_i(t)$ 为：

$$\varepsilon_i(t) = \frac{\min_i \min_t |Z_0(t) - Z_i(t)| + \rho \max_i \max_t |Z_0(t) - Z_i(t)|}{|Z_0(t) - Z_i(t)| + \rho \max_i \max_t |Z_0(t) - Z_i(t)|} \tag{2}$$

式中，$Z_0(t)$ 和 $Z_i(t)$ 分别表示基准序列和比较序列在第 t 年初值化后的结果。ρ 为分辨系数，满足 $0 < \rho < 1$，本文取 $\rho = 0.5$。t 与 i 含义与上文相同。

最后，将上文计算得到的各比较序列与基准序列的关联系数进行平均值的计算，进而得到总体比较序列与基准序列的关联度为：

$$r_i = \frac{1}{m} \sum_{t=1}^{m} \varepsilon_i(t) \tag{3}$$

将各比较序列在 5 种 K 值条件下得到的关联度进行排序，关联度大代表两者之间的关系密切，依据比较序列与基准序列之间的 K 值大小，选择比较序列所出现的 K 值最大值为关联度最优值，进而将指标进行归类。

2. 指标分类的计算

基准指标的选取应体现中国海洋经济发展的景气运行程度。参考相关产业经济的监测预警研究，产业经济总体发展大多是以产业总产值及增加值来体现。因此，对于海洋经济而言，本文选取的基准指标是中国海洋生产总值，比较序列则为指标体系中剩余的 20 个指标。

依据式（1）~式（3），可计算得到 20 个比较序列在同步（ $K=0$ ）、先行 1 期、2 期（ $K=-1$ ， -2 ）、滞后 1 期、2 期（ $K=1$ ，2）的条件下与基准指标的关联度（见表 3）。依据各指标最大关联度所对应的 K 值，将指标进行分类。

表 3　各期比较序列的关联度

指标	$K=-2$	$K=-1$	$K=0$	$K=1$	$K=2$	指标分类	权重（％）
$X2$	0.740	0.743	0.884	0.910	0.928	滞后 2 期	3.12
$X3$	0.772	0.778	0.902	0.924	0.938	滞后 2 期	3.05
$X4$	0.787	0.758	0.891	0.916	0.932	滞后 2 期	3.12
$X5$	0.779	0.789	0.903	0.924	0.936	滞后 2 期	3.12
$X6$	0.778	0.789	0.903	0.924	0.936	滞后 2 期	3.04
$X7$	0.824	0.866	0.963	0.968	0.968	滞后 1 期	2.97
$X8$	0.854	0.906	0.989	0.976	0.954	同步	2.97
$X9$	0.859	0.884	0.966	0.971	0.969	滞后 1 期	3.08
$X10$	0.831	0.874	0.964	0.969	0.966	滞后 1 期	3.11
$X11$	0.848	0.769	0.803	0.789	0.778	先行 2 期	2.87
$X12$	0.782	0.798	0.913	0.933	0.944	滞后 2 期	3.16
$X13$	0.786	0.781	0.902	0.924	0.937	滞后 2 期	3.08
$X14$	0.854	0.881	0.954	0.960	0.959	滞后 1 期	3.03
$X15$	0.905	0.914	0.983	0.961	0.945	同步	2.94
$X16$	0.799	0.806	0.932	0.949	0.959	滞后 2 期	2.81
$X17$	0.831	0.837	0.948	0.961	0.967	滞后 2 期	2.82
$X18$	0.617	0.648	0.648	0.642	0.637	先行 1 期	3.11

指标	$K = -2$	$K = -1$	$K = 0$	$K = 1$	$K = 2$	指标分类	权重（%）
X19	0.786	0.803	0.868	0.893	0.910	滞后 2 期	3.02
X20	0.755	0.778	0.901	0.926	0.943	滞后 2 期	3.10
X21	0.775	0.865	0.924	0.909	0.898	同步	3.12

以关联度 r_i 所代表的景气指标对基准指标的影响程度来计算三类指标在监测预警指标体系中的权重和各子指标在各指标分类中的权重（见表4）。各景气指标的权重计算公式为：

$$w_i = \frac{r_i}{\sum_{i=1}^{n} r_i} \tag{4}$$

表 4　中国海洋经济景气分类指标体系权重

指标类别	权重	指标	权重
先行指标	0.082	与海上丝绸之路沿线国家对外经济合作完成额	0.555
		海洋研究与开发机构专利授权数	0.445
同步指标	0.158	沿海港口国际标准集装箱吞吐箱数	0.340
		沿海城市国内旅游人次	0.342
		海洋灾害直接经济损失额	0.318
滞后指标	0.760	海洋生产总值增长速度	0.064
		海洋生产总值占国内生产总值比重	0.065
		海洋生产总值对国民经济增长的贡献率	0.065
		海洋第二产业增加值占海洋生产总值比重	0.065
		海洋第三产业增加值占海洋生产总值比重	0.065
		沿海港口国际标准集装箱吞吐重量	0.069
		海洋劳动生产率	0.070
		与海上丝绸之路沿线国家海关进出口额	0.070
		涉海就业人员数	0.066
		人均水产品供应量	0.065
		全国渔民人均纯收入	0.069
		海洋科研机构数量	0.067
		万名涉海就业人员中海洋科研机构从业人员数	0.069
		平均每万人海域使用面积	0.064
		工业污染治理废水完成投资额	0.065

3. 扩散指数的计算

经济的扩张状态并不一定说明经济指标均呈增长趋势；同样，萧条状态也不能说明所有指标均处于下降趋势。扩散指数的计算原理就是在三种类别的指标组中，当扩张状态的指标数占总指标的百分比超过50%时，则代表半数以上的指标与前期相比有所增长，海洋经济发展总体上呈增长趋势；同样，当扩散指数的占比低于50%时，则大多数指标的变化趋势是减少的，海洋经济的发展状态是收缩的。依据上文分析，扩散指数的变化是判断中国海洋经济发展景气或不景气转折点出现位置的重要依据（见图1）。

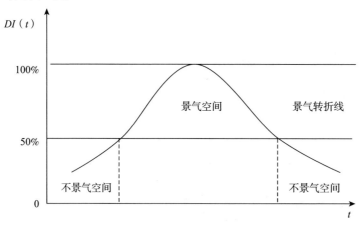

图 1　景气扩散指数趋势

根据上文对扩散指数的作用分析，中国海洋经济发展的扩散指数为：

$$DI(t) = \sum_{i=1}^{n} w_i \times I[X_t^i, X_{t-1}^i] \times 100\% \qquad (5)$$

其中，

$$I[X_t^i, X_{t-1}^i] = \begin{cases} 1, X_t^i > X_{t-1}^i \\ 0.5, X_t^i = X_{t-1}^i \\ 0, X_t^i < X_{t-1}^i \end{cases}$$

$DI(t)$ 是 t 时刻中国海洋经济发展的扩散指数，w_i 为第 i 指标的权重，n 为指标总数。

根据公式（5），计算得到中国海洋经济发展的扩散指数（见表5和图2）。

表5 2005～2018年中国海洋经济发展景气扩散指数

单位：%

年份	先行	同步	滞后	综合
2005	50.00	50.00	50.00	50.00
2006	100.00	100.00	80.47	85.17
2007	100.00	100.00	57.34	67.59
2008	100.00	68.23	67.43	70.24
2009	44.47	65.99	53.75	54.92
2010	100.00	68.23	73.69	74.99
2011	100.00	68.23	60.95	65.32
2012	100.00	34.01	60.49	59.57
2013	100.00	68.23	60.89	65.27
2014	100.00	100.00	87.02	90.14
2015	44.47	100.00	60.73	65.59
2016	0.00	65.78	53.93	51.35
2017	100.00	68.23	53.37	59.56
2018	100.00	65.78	67.58	69.97

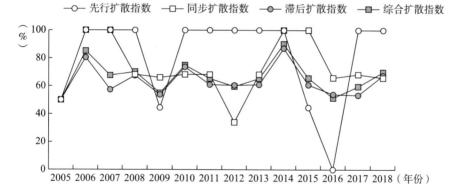

图2 2005～2018年中国海洋经济发展景气扩散指数变化趋势

表5和图2的指数值显示，中国海洋经济综合扩散指数值在2005～2018年均在50%及以上，代表中国海洋经济在这14年内整体处于景气上升的发展趋势。但需要注意到在2009年和2016年综合扩散指数处于较低点，2009年为54.92%，2016年仅为51.35%。结合当时宏观经济发展情况，可分析出在2008年国际金融危机期间，中国海洋经济景气程

度也不可避免地受到影响。2016 年的指数值较之前相比下降明显，这也与世界经济走势有直接关系，中国 2016 年海洋经济发展景气程度受到 2015 年世界宏观产业经济的负面影响，2015 年的金融市场不稳定因素增多，工业产值增长速度慢，各国贸易进出口情况均不乐观。

通过图 2 能够看出先行扩散指数在 2009 年的数值下降，负向影响了 2009 年同步扩散指数和综合扩散指数的数值，这就验证了先行指标可以提前反映经济发展变化，除此之外可观察到，扩散指数下同步和综合指标具有相似的变化趋势，说明了同步指标能够及时反映出海洋经济景气程度的发展变化。

4. 合成指数的计算

海洋经济发展变化的具体情况可以通过合成指数来反映，其是通过计算景气指标的波动程度，进而弥补了扩散指数仅可标明经济波动转折点的局限性。合成指数的具体计算步骤如下：

$$C_i(t) = \frac{X_i(t) - X_i(t-1)}{X_i(t) + X_i(t-1)} \times 200, t = 2, \cdots, m \tag{6}$$

$$F_i = \sum_{t=2}^{m} \frac{|C_i(t)|}{m-1} \tag{7}$$

$$S_i(t) = \frac{C_i(t)}{F_i} \tag{8}$$

$$R(t) = \frac{\sum_{i=1}^{n} S_i \times w_i}{\sum_{i=1}^{n} w_i} \tag{9}$$

$$I(t) = I(t-1) \times \frac{200 + R(t)}{200 - R(t)}, I(1) = 100, t = 2, \cdots, m \tag{10}$$

$$CI(t) = 100 \times \frac{I(t)}{I(0)} \tag{11}$$

其中，$C_i(t)$ 代表单个景气指标的对称变化率，F_i 是标准化因子，$S_i(t)$ 是标准变化率，$R(t)$ 是各指标组每年的平均变化率，$I(t)$ 是初始合成指数，$CI(t)$ 代表最终合成指数，$I(0)$ 为各景气指标在基期的平均值。

根据上述式（6）～式（11），计算得到中国海洋经济发展的景气合成指数（见表 6 和图 3）。

通过表 6 和图 3 可以观察到，中国海洋经济综合合成指数在 2005～2018 年均不低于 100%，这就代表了中国海洋经济的发展均处于景气空间。合成指数逐年递增的发展变化，能够分析出中国海洋经济呈现逐年扩张的运行状态，经济增长幅度逐年增加。

表6 2005～2018年中国海洋经济发展景气合成指数

单位：%

年份	先行	同步	滞后	综合
2005	100.00	100.00	100.00	100.00
2006	100.07	100.01	100.02	100.02
2007	100.10	100.03	100.03	100.03
2008	100.13	100.06	100.04	100.05
2009	100.19	100.05	100.05	100.06
2010	100.20	100.08	100.07	100.08
2011	100.22	100.09	100.07	100.09
2012	100.24	100.10	100.08	100.10
2013	100.25	100.13	100.09	100.11
2014	100.26	100.10	100.10	100.12
2015	100.28	100.14	100.11	100.12
2016	100.27	100.13	100.09	100.11
2017	100.28	100.16	100.10	100.12
2018	100.29	100.15	100.11	100.13

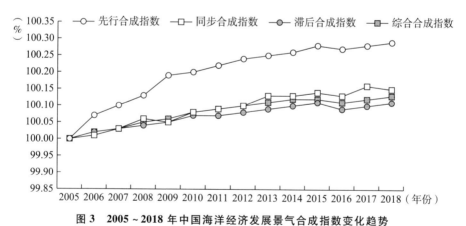

图3 2005～2018年中国海洋经济发展景气合成指数变化趋势

5. 中国海洋经济发展景气监测的实证分析

根据上文对先行、同步、滞后三类景气指数的作用介绍以及扩散指数和合成指数各自的优缺点，对三大类指标和两种指数进行综合分析可以对中国海洋经济发展的景气状况有更为准确的了解。

（1）先行指数

先行指数因为可以提前产生变化，所以也被认为是预警指数，通过先行合成指数的变化，可提前对海洋经济未来发展运行状态进行判断，对经济的景气程度变化具有预测作用；通过先行扩散指数的变化，可以对海洋经济发展的转折点位置进行提前判断。

从图 4 中可以看出，2009 年先行扩散指数位于 50% 以下的不景气空间，其能够反映出中国海洋经济在 2009 年处于不景气的发展运行状态。同一时期内，先行合成指数增长速度与之前相比也处于缓慢增长态势，其运行状态和先行扩散指数的发展变化较为相同。出现该变化的原因是 2007～2008 年，中国海洋经济的跨境发展导致其发展程度受到国际金融危机的负面影响，所以主观判断 2009 年可能会是海洋经济景气发展程度呈现下降趋势的转折年份，其变化趋势也通过了指数实证结果的验证。先行扩散指数在 2010～2014 年均位于 50% 以上的景气区间，代表在该时间阶段内中国的海洋经济呈景气发展态势，同样先行合成指数增长趋势也较为明显。但是在 2015 年和 2016 年，先行扩散指数呈现大幅度下降变化，甚至于 2016 年处于 0 值，指数值急速下降的变化能够预测到 2017 年中国海洋经济发展将处于极不景气的发展空间，通过图 5 同步扩散指数在 2016 年和 2017 年的变化能够验证先行扩散指数的变化结果。

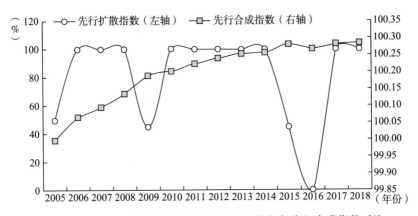

图 4　2005～2018 年海洋经济发展先行扩散指数与先行合成指数对比

（2）同步指数

同步指数与海洋经济的景气发展程度有相似的变化，因此也被称作监测指数，该指数通过景气指数变化趋势可以及时地观察到所对应时间点海洋经济运行状态。

通过图 5 可以看到，2005～2018 年的海洋经济发展同步扩散指数除 2012 年外，其余年份该数值均大于等于 50%，代表了中国海洋经济发展处于景气的空间，该变化通过同步合成指数逐年上升的变化趋势可以得到验证。2012 年，同步扩散指数的下降并没有在该时间点得到同步合成指数的验证，但是在 2016 年这两个指标具有一致的变化。

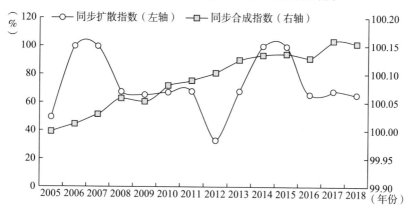

图 5　2005～2018 年海洋经济发展同步扩散指数与同步合成指数对比

（3）滞后指数

滞后指数可以观察同步指数所代表的海洋经济景气情况，与变化以后的滞后期数是否产生了相似的变化，因此滞后指数对海洋经济景气程度转折的发生事实进行了检验。

从图 6 中可以看出，2005～2018 年海洋经济的滞后扩散指数均大于等于 50%，海洋经济处于景气程度较高的发展空间，相应的滞后合成指数也大致是逐年递增的。但在 2016 年，这两种滞后指数均处于下降状态，通过图 5 中 2016～2018 年海洋经济景气程度下降的变化可以验证 2016 年的下降是一种滞后现象。

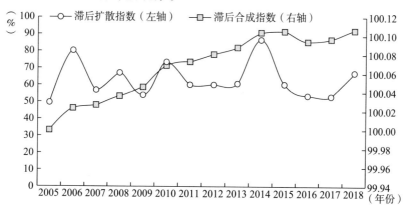

图 6　2005～2018 年海洋经济发展滞后扩散指数与滞后合成指数对比

（4）综合指数

综合指数是运用上述三类指数值以及各自权重计算得到的，能够对中国海洋经济景气运行状况进行综合全面的监测预警。

从图7中可以看出，中国海洋经济在2005～2018年处于不稳定的发展态势，海洋经济发展波动较大，但是总体呈现景气上升的趋势。2016年两种综合指数的一致下降符合之前的监测研究。

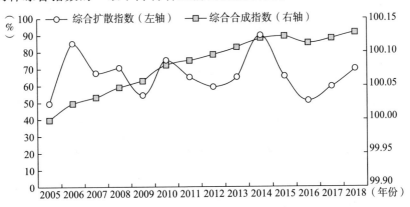

图7　2005～2018年海洋经济发展综合扩散指数与综合合成指数对比

三　海洋经济发展预警研究

1. 预警系统

预警系统需要根据海洋经济发展的警情和警源来建立，基于表1构建的中国海洋经济发展指标体系，预警指标的选择应体现中国海洋经济发展状况。通常预警系统具有5个预警区间，即"过热""偏热""稳定""偏冷""过冷"，以5分、4分、3分、2分、1分代表五个预警区间的对应分值。当预警指数值超越预警界限，海洋经济发展状态也会进入下个预警区间。中国海洋经济发展的综合预警指数则是依据各预警指标的权重计算得出，综合预警指数所处的区间则代表了中国海洋经济的发展状态。

2. 预警界限

预警界限是预警区间的划分值，通常使用数据统计的相关方法来计算。依据3σ原理，变量值具有极小的概率偏离3σ区间（见图8）。预警区间需要依据海洋经济自身发展特点来确定。针对海洋经济发展来说，其属于产业经济，因为长期以来统计数据的口径有所变化，所以可用统计年限较短，且通过上文综合扩散指数可以看出，中国海洋经济发展具有不稳定趋势，波动程度较大。因此在选择海洋经济发展要求的异常区间标准时，本文综合考虑海洋经济发展特点，选择中国海洋经济发展的正常区间为偏离 1σ 之内；比较正常区间为偏离 1σ 到 2σ 之间；异常区间为偏离 2σ 之外。依据上述分析，确定了中国海洋经济发展的 5 个预警区间（见表 7）。

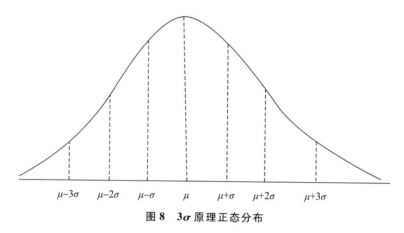

图 8　3σ 原理正态分布

表 7　中国海洋经济发展预警状态区间

预警状态	过热	偏热	稳定	偏冷	过冷
区间	$(\mu+2\sigma,\ +\infty)$	$(\mu+\sigma,\ \mu+2\sigma]$	$[\mu-\sigma,\ \mu+\sigma]$	$[\mu-2\sigma,\ \mu-\sigma)$	$(-\infty,\ \mu-2\sigma)$

3. 中国海洋经济发展综合预警指数

（1）预警指标的选取

预警指标是海洋经济发展状态"警兆"的表现形式，对海洋经济发展进行预警分析，首先需要对海洋经济发展进行"警情"的确定和"警源"的寻找。从宏观经济角度分析，经济要保持在合理区间发展，发展增速过快或过慢都会产生附加的负面影响，对于产业经济而言也同样适用。海洋经济发展在不同时间阶段内也存在发展过快或过慢这两种问题。海洋经济处于过热的发展状态时，通常会使得相关海洋资源过快消耗，对海洋生态环境承载力造成不可逆的影响；海洋经济处于过冷的发展状态时，则会影响社会经济整体发展运行，不符合当前国家支持海洋经济的发展策略，在相对程度上会对民生产生一定的影响。

预警系统中的警源分为内生和外生两种类型。内生警源是指海洋经济发展过程中内在的发展表现，主要为海洋经济发展总量、发展速度以及内部的产业结构；外生警源是指从外部影响因素分析可判断海洋经济发展状态的指标，主要包括海洋经济发展的社会影响、海洋相关的科技和人才推动力以及海洋经济对外开放程度。依据上述分析，本文共选择了 8 个指标来体现内生和外生警源，进而构建了海洋经济发展预警的指标体系（见表 8）。

表 8　中国海洋经济发展预警指标体系

内生警源	经济发展总量	海洋生产总值
	经济发展速度	海洋生产总值增长速度
	经济产业结构	海洋第二产业增加值占海洋生产总值比重
		海洋第三产业增加值占海洋生产总值比重
外生警源	社会影响	海洋生产总值占国内生产总值比重
	科技和人才推动力	海洋研究与开发机构专利授权数
		万名涉海就业人员中海洋科研机构从业人员数
	经济对外开放程度	与海上丝绸之路沿线国家海关进出口额

（2）综合预警指数的计算

预警系统中 8 个预警指标依据表 7 对预警界限的定义，可有 5 种状态的具体预警区间（见表 9）。依据预警指数的原始数据，判断指标所属的预警区间，依次根据不同的区间状态，进行分数的判断，进而计算得出 8 个预警指标的预警指数。基于上文所采用的灰色关联的处理方法，以综合合成指数为基准指标确定各预警指标的权重，结果见表 10。

中国海洋经济发展的综合预警指数依据 8 个单一指标预警数值以及各自的权重加权得出。通常海洋经济发展综合预警指数的预警区间是依据经济预警的经验值[①]进行判断区分，从过热到过冷 5 个预警区间的 4 个临界值分别为满分 5 分的百分比数值，即 85%、73%、50%、36% 所对应分数为 4.25、3.65、2.50、1.80。

---

① 段倩：《贵州经济景气监测预警系统研究》，硕士学位论文，重庆大学，2004，第 43 页。

表 9　中国海洋经济发展预警区间

预警指标	过热	偏热	稳定	偏冷	过冷
海洋生产总值	>88949.714	(68508.014, 88949.714]	[27624.615, 68508.014]	[7182.915, 27624.615)	<7182.915
海洋生产总值增长速度	>18.014	(14.157, 18.014]	[6.443, 14.157]	[2.586, 6.443)	<2.586
海洋第二产业增加值占海洋生产总值比重	>51.386	(47.832, 51.386]	[40.725, 47.832]	[37.172, 40.725)	<37.172
海洋第三产业增加值占海洋生产总值比重	>58.138	(54.287, 58.138]	[46.584, 54.287]	[42.733, 46.584)	<42.733
海洋生产总值占国内生产总值比重	>9.731	(9.564, 9.731]	[9.231, 9.564]	[9.065, 9.231)	<9.065
海洋研究与开发机构专利授权数	>5476.756	(3875.056, 5476.756]	[671.658, 3875.056]	[−930.041, 671.658)	<−930.041
万名涉海就业人员中海洋科研机构从业人员数	>13.730	(11.363, 13.730]	[6.631, 11.363]	[4.265, 6.631)	<4.265
与海上丝绸之路沿线国家海关进出口额	>174283458.768	(141889900.579, 174283458.768]	[77102784.201, 141889900.579]	[44709226.012, 77102784.201)	<44709226.012

表 10 中国海洋经济发展单一指标的预警指数及权重

年份	预警指标							
	海洋生产总值	海洋生产总值增长速度	海洋第二产业增加值占海洋生产总值比重	海洋第三产业增加值占海洋生产总值比重	海洋生产总值占国内生产总值比重	海洋研究与开发机构专利授权数	万名涉海就业人员中海洋科研机构从业人员数	与海上丝绸之路沿线国家海关进出口额
2005	2	4	3	3	3	2	2	2
2006	2	4	3	3	5	2	2	2
2007	2	4	3	3	3	2	2	2
2008	3	3	3	3	3	2	2	3
2009	3	3	3	2	3	3	3	2
2010	3	4	3	3	4	3	3	3
2011	3	3	3	3	3	3	3	3
2012	3	3	3	3	3	3	3	3
2013	3	3	3	3	2	3	3	3
2014	3	3	3	3	3	4	4	3
2015	3	3	3	3	3	5	4	3
2016	4	3	2	4	3	3	3	3
2017	4	3	3	4	2	3	3	3
2018	4	3	1	5	3	3	3	4
权重	0.123	0.132	0.135	0.135	0.135	0.086	0.128	0.127

由表 11 和图 9 可以看出，2005～2018 年中国海洋经济发展综合预警指数均处于 2.5～3.5 的稳定区间内，说明海洋经济发展处于稳定阶段。2005～2018 年预警指数数值总体呈现上升趋势，但也具有波动变化，说明中国海洋经济虽有良好的运行趋势，但仍存在不稳定状态，应多方面做好发展规划，使中国海洋经济具备稳定的发展模式。

表 11 2005～2018 年中国海洋经济发展综合预警指数

年份	综合预警指数	预警区间
2005	2.669	稳定
2006	2.939	稳定
2007	2.669	稳定
2008	2.786	稳定

年份	综合预警指数	预警区间
2009	2.738	稳定
2010	3.267	稳定
2011	3.000	稳定
2012	3.000	稳定
2013	2.865	稳定
2014	3.214	稳定
2015	3.299	稳定
2016	3.123	稳定
2017	2.988	稳定
2018	3.250	稳定

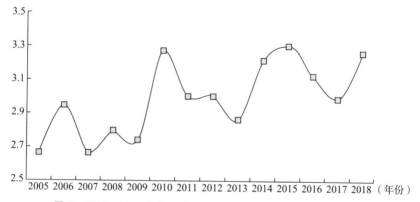

图9　2005～2018年中国海洋经济发展综合预警指数变化趋势

四　结论

本文使用灰色关联分析法在景气指数分析框架下构建能够评价中国海洋经济发展的指标体系，并进一步对2005～2018年中国海洋经济发展进行监测预警分析。本文的主要结论如下：第一，通过分析构建包括发展水平、发展成效和发展潜力三大类共21个指标的海洋经济综合性评价指标体系，可以发现中国海洋经济发展呈现景气增长的趋势，但具有不稳定的波动态势；第二，通过监测预警分析，2018年海洋第二产业增加值占海洋生产总值比重处于过冷区间，海洋第三产业增加值占海洋生产总值比重呈现过热态势，这说明中国海洋产业结构的转型升级已经取得了较为显著的成效；第三，海洋生产总值增长速度预警结果能够体现出在 2008 年之后中国海洋经济以往的高速增长目标已摒弃，真正开始了海洋经济的高质量发展。

Monitoring and Early Warning of Marine Economic Development Based on Boom Analysis

Xu Sheng[1,2], Liu Shufang[2]

(1. School of Economics, Ocean University of China, Institute of Ocean Development, Qingdao, Shandong, 266100, P. R. China; 2. School of Economics, Ocean University of China, Qingdao, Shandong, 266100, P. R. China)

Abstract: In this paper, the grey correlation analysis method is used to construct an indicator system that can evaluate the development of China's Marine economy under the framework of climate analysis, and the monitoring and early warning analysis of The development of China's Marine economy from 2005 to 2018 is further carried out. Based on the Marine economy development index system, the diffusion index and the composite index in the boom analysis method show that China's Marine economy has been developing year by year, and the comprehensive early warning index in the Marine economy early warning system shows that China's Marine economy has been developing in a stable range from 2005 to 2018. This paper carries out dynamic monitoring and early warning on the operation of China's Marine economy in 14 years, and provides research basis for the sustainable development of Marine economy according to the change trend of relevant indicators affecting the development of Marine economy.

Keywords: Marine Economic; Gross Marine Product; Sustainable Development of Oceans; Marine Economic Monitoring; Economic Early Warning System

（责任编辑：孙吉亭）

中国海洋经济绿色技术进步测度与分析[*]

中国海洋经济绿色技术进步测度与分析 [*]

任文菡　陈　雨　王　奇 [**]

摘　要　本文紧密结合海洋经济的特点以及高质量发展的内在要求，将资源的刚性约束与环境负效应纳入海洋经济技术进步的核算体系当中，构建考虑非期望产出的 EBM 模型和 GML 指数模型，探究中国沿海地区海洋经济绿色技术进步水平。研究发现：中国海洋经济绿色技术进步呈现收敛趋势，且不同时期各地区收敛速度存在差异。样本期内中国沿海地区海洋经济累积相对绿色技术进步率随时间推移呈现波动上升趋势，并在"十一五"期间呈现南北地区数值较低、中部地区数值较高的现象，然而进入"十二五"之后，该指标数值较高的地区大部分集中于北部沿海地区。

关键词　海洋经济　绿色技术进步　海洋资源　环境污染　劳动要素

* 本文为国家社会科学基金青年项目"我国海洋经济绿色技术进步适宜性评价与优化路径研究"（项目编号：20CJY022）的阶段性成果。

** 任文菡（1992～），女，博士，通讯作者，青岛大学商学院特聘教授，主要研究领域为海洋经济管理、海洋经济与绿色发展。陈雨（2001～），女，青岛大学商学院本科生，主要研究领域为海洋管理。王奇（1991～），男，中国海洋大学经济学院硕士研究生，主要研究领域为海洋经济。

一 引言

长期以来，中国海洋经济一直依靠资本、劳动等要素投入，这种粗放型的增长方式虽然创造了海洋经济高速增长的奇迹，但终究后劲不足、不可持续。① 党的十九大报告指出，将不可持续的旧动能转变为提升全要素生产率的可持续新动能是实现经济高质量发展的核心。这说明有效提升全要素生产率（TFP）是实现海洋经济高质量发展的重要途径，而技术进步作为 TFP 的重要组成部分，其原理是通过促进最先进生产技术的生产前沿面整体向外移动，从而内在提升 TFP。② 由此可见，技术进步无疑是推动海洋经济由高速增长向高质量发展迈进的关键性因素，而绿色技术作为生态文明视域下技术进步的崭新形态，是对传统海洋经济技术进步的拓展和提升。据此，深入探究海洋经济绿色技术进步与国家发展理念高度契合，具有重要的研究价值。

通常来讲，技术进步的测度有两种途径：一是通过计算的 TFP 来直接表示技术进步，这一方法应用较早，但存在应用缺陷，逐渐被替代；二是借助相关的指数模型对 TFP 进行内在分解，分解后的 TFP 由技术效率和技术进步两个指标的乘积表示，其中拆分获得的技术进步即为最终所需的指标。③ 但早期的这些研究，都是建立在传统的 TFP 和技术进步的测度上，忽视了经济发展过程中资源的刚性约束和环境负效应。随着经济的发展，环境问题不断凸显，这种衡量方式在一定程度上会扭曲对经济增长绩效的客观评价。此后，学者们开始尝试对传统的技术进步测算框架进行调整，逐步形成了绿色技术进步的概念。现有文献在测算绿色技术进步时，一般将环境污染纳入分析框架，借助 TFP 指数分解得

---

① 钟鸣：《新时代中国海洋经济高质量发展问题》，《山西财经大学学报》2021 年第 S2 期。

② 韩增林、王晓辰、彭飞：《中国海洋经济全要素生产率动态分析及预测》，《地理与地理信息科学》2019 年第 1 期。

③ 马洪福、郝寿义：《要素禀赋异质性、技术进步与全要素生产率增长——基于 28 个省市数据的分析》，《经济问题探索》2018 年第 2 期；蔡跃洲、付一夫：《全要素生产率增长中的技术效应与结构效应——基于中国宏观和产业数据的测算及分解》，《经济研究》2017 年第 1 期；唐莉、王明利、石自忠：《竞争优势视角下中国肉羊全要素生产率的国际比较》，《农业经济问题》2019 年第 10 期。

来。在对环境污染的处理上，学者们在研究初期认为环境污染应该是一种投入变量，因此在测算过程中将其与资本和劳动等传统要素一同纳入投入端进行测算。① 部分学者对此持不同意见，认为环境污染并非具有投入特性，而是具有产出特征，如果一味地将其纳入投入端进行测度显然有失准确性。据此，学者们尝试将其作为一种副产品纳入产出端进行再次检验。② 还有部分学者认为环境污染对技术进步具有负的外部性，应当将其作为一种"坏"产出，与"好"产出一同纳入分析框架。③ 此后，遵循这一思路，学者们开始在不同领域展开研究。目前，关于涉海领域的绿色技术进步研究还处于起步阶段，相关文献较少，仅有的部分文献也大多停留在一般的技术进步测度层面。④

上述成果为本文奠定了良好的基础，但已有研究难以满足海洋经济高质量发展新形势的需要。在投入方面，现有研究仅考虑了海洋资本、劳动等传统要素的投入，忽视了海洋资源的刚性约束；在产出方面，已有研究大多从期望产出这一层面进行衡量，关于期望产出指标的选取一般以海洋

① Timothy J. Considine, Donald F. Larson, "The Environment as a Factor of Production," *Journal of Environmental Economics and Management* 52 (2006): 645 – 662；陈诗一：《能源消耗、二氧化碳排放与中国工业的可持续发展》，《经济研究》2009 年第 4 期。

② R. Fare, S. Grosskopf, C. A. K. Lovell, *Production Frontiers* (Cambridge: Cambridge University Press, 1994).

③ Dong-hyun Oh, Almas Heshmati, "A Sequential Malmquist-Luenberger Productivity Index: Environmentally Sensitive Productivity Growth Considering the Progressive Nature of Technology," *Energy Economics* 32 (2010): 1345 – 1355；陈诗一：《中国的绿色工业革命：基于环境全要素生产率视角的解释（1980—2008）》，《经济研究》2010 年第 11 期；庞瑞芝、李鹏：《中国新型工业化增长绩效的区域差异及动态演进》，《经济研究》2011 年第 11 期。

④ 陈艳丽、王波、王峥、胡未名、于梦璇：《在环境约束下海洋经济全要素生产率的研究》，《海洋开发与管理》2016 年第 1 期；丁黎黎、朱琳、何广顺：《中国海洋经济绿色全要素生产率测度及影响因素》，《中国科技论坛》2015 年第 2 期；赵林、张宇硕、焦新颖、吴迪、吴殿廷：《基于 SBM 和 Malmquist 生产率指数的中国海洋经济效率评价研究》，《资源科学》2016 年第 3 期；赵昕、赵锐、陈镐：《基于 NSBM-Malmquist 模型的中国海洋绿色经济效率时空格局演变分析》，《海洋环境科学》2018 年第 2 期；韩增林、夏康、郭建科、孙才志、邓昭：《基于 Global-Malmquist-Luenberger 指数的沿海地带陆海统筹发展水平测度及区域差异分析》，《自然科学学报》2017 年第 8 期。

生产总值进行表征，而对于非期望产出的考虑，现有文献涉及较少，且多以单一指标进行衡量。在测度方法上主要运用较为传统的 DEA 和 SFA 方法，虽然方法相对成熟，但缺乏对非径向、非角度、混合径向等方面的考虑。基于此，本文紧密结合海洋经济的特点以及高质量发展的内在要求，将资源的刚性约束与环境负效应纳入海洋经济技术进步的核算体系当中，构建考虑非期望产出的混合径向 EBM 模型和 GML 指数模型，探究中国沿海地区海洋经济绿色技术进步水平，以期更好地发挥绿色技术进步在提高海洋经济 TFP 中的重要作用，使中国海洋经济走上高质量发展的道路。

二　研究方法

（一）基于非期望产出的 SBM 模型

传统的 DEA 和 SFA 模型，虽然方法相对成熟，但缺乏对非径向、非角度、混合径向等方面的考虑，忽视了投入产出中存在松弛性的问题。为了弥补传统模型的测算局限，Tone 构建了一个考虑非期望产出的 Slack-Based Measure（SBM）模型，创新性地将松弛变量引入目标函数当中。[1]

假设存在 n 个决策单元（DMU），且每个 DMU 包含三种投入产出向量——投入向量 $x \in R^m$、期望产出向量 $y \in R^{q_1}$ 和非期望产出向量 $b \in R^{q_2}$，那么投入矩阵为 $X = [x_1, \cdots, x_n] \in R^{m \times n}$，期望产出矩阵为 $Y = [y_1, \cdots, y_n] \in R^{q_1 \times n}$，非期望产出矩阵为 $B = [b_1, \cdots, b_n] \in R^{q_2 \times n}$，其中，$X > 0$，$Y > 0$，$B > 0$。对于特定的 DMU，只有当 $\rho^* = 1$ 时，为强有效决策单元；如果 $\rho^* < 1$，则被评价的 DMU 是无效的。

$$\min \rho = \frac{1 - \frac{1}{m} \sum_{i=1}^{m} s_i^- / x_{ik}}{1 + \frac{1}{q_1 + q_2} \left(\sum_{r=1}^{q_1} s_r^+ / y_{rk} + \sum_{i=1}^{q_2} s_i^{b-} / b_{rk} \right)}$$

$$\text{s. t.} \begin{cases} X\lambda + s^- = x_k \\ Y\lambda - s^+ = y_k \\ B\lambda + s^{b-} = b_k \\ \lambda, s^-, s^+ \geqslant 0 \end{cases} \tag{1}$$

---

[1]　K. Tone, "A Slacks-Based Measure of Efficiency in Data Envelopment Analysis," *European Journal of Operational Research* 130 （2001）: 498 – 509.

（二）基于非期望产出的 EBM 模型

上述构建的基于非期望产出的 SBM 模型可以有效规避传统 DEA 模型在面对投入产出具有非角度和非径向特征测度时产生的误差，但不可否认当出现投入产出同时具有径向和非径向特征时，该模型无法很好地解决测度上带来的问题，并且基于 SBM 模型获得的效率值并非绝对值，当存在特殊情况时没有办法科学衡量其真实有效程度。由此，Tone 和 Tsutsui 构建了一个同时考虑径向和非径向特征的混合 Epsilon-Based Measure（EBM）模型，以期消除已有模型存在的弊端，具体模型如下所示。①

$$
\gamma^* = \min \frac{\theta - \varepsilon_x \sum_{i=1}^{m} \frac{\omega_i^- s_i^-}{x_{ik}}}{\phi - \varepsilon_y \sum_{r=1}^{s} \frac{\omega_r^+ s_r^+}{y_{rk}} + \varepsilon_b \sum_{p=1}^{q} \frac{\omega_p^{b-} s_p^{b-}}{b_{pk}}}
$$

$$
\text{s. t.} \begin{cases} \sum_{j=1}^{n} x_{ij}\lambda_j + s_i^- = \theta x_{ik}, i = 1, \cdots, m \\ \sum_{j=1}^{n} y_{ij}\lambda_j - s_r^+ = \phi y_{rk}, r = 1, \cdots, s \\ \sum_{j=1}^{n} b_{ij}\lambda_j + s_p^{b-} = \phi b_{pk}, p = 1, \cdots, q \\ \lambda_j \geq 0, s_r^+, s_i^-, s_p^{b-} \geq 0 \end{cases} \quad (2)
$$

式（2）中，x_{ik} 为投入指标，y_{rk} 为期望产出指标，b_{pk} 为非期望产出指标；s_i^- 代表投入指标的松弛变量，s_r^+ 代表期望产出指标的松弛变量，而 s_p^{b-} 则表示的是非期望产出指标的松弛变量；w_i^- 表示的是第 i 种投入指标的权重，ω_r^+ 表示的是第 r 种期望产出的权重，而 ω_p^{b-} 则表示的是第 p 种非期望产出的权重；m 和 s 分别代表投入以及产出的数量；λ 为线性组合系数，θ 为径向部分的规划参数，γ^* 代表 EBM 模型的最佳效率值。当 $\gamma^* = 1$ 时，该决策单元技术有效。

（三）GML 指数分解方法

上述两种模型计算求得的数值仅仅为生产效率，而对于绿色技术进

---

① K. Tone, M. Tsutsui, "An Epsilon-Based Measure of Efficiency in DEA—A Third Pole of Technical Efficiency," *European Journal of Operational Research* 207 (2010): 1554 – 1563.

步指标的获取，则需要通过相关的指数模型对测得的生产效率展开内在分解。因此，本文参考了 Oh 的 Global-Malmquist-Luenberger（GML）生产率指数，已知生产效率 θ，那么具体的指数分解模型如式（3）所示。[①]

$$
\begin{aligned}
GML^{t,t+1} &= \frac{\theta^{G,t+1}(x^{t+1},y^{t+1},b^{t+1})}{\theta^{G,t}(x^t,y^t,b^t)} \\
&= \frac{\theta^{t+1}(x^{t+1},y^{t+1},b^{t+1})}{\theta^t(x^t,y^t,b^t)} \times \frac{\theta^{G,t+1}(x^{t+1},y^{t+1},b^{t+1})/\theta^{t+1}(x^{t+1},y^{t+1},b^{t+1})}{\theta^{G,t}(x^t,y^t,b^t)/\theta^t(x^t,y^t,b^t)} \quad (3) \\
&= \frac{TE^{t+1}}{TE^t} \times \frac{BPG^{G,t+1}}{BPG^{G,t}} \\
&= GMLEC^{t,t+1} \times GMLTC^{t,t+1}
\end{aligned}
$$

其中，TE 代表的是当期生产可能集的技术效率，BPG 则为全局生产可能集和当期生产可能集所衡量的技术效率间的差距。基于上述模型，GML 指数被拆分为两个全新的指数的乘积，一个表示为技术效率指数（$GMLEC$），另一个表示为技术进步指数（$GMLTC$）。其判别原则是当 $GMLTC$ 大于 1 时，可以断定技术是进步的，反之，技术是退步的。

三 评价指标与数据来源

本文的研究样本省份为中国沿海 11 个省（区、市），包括辽宁、河北、山东、天津、上海、江苏、浙江、福建、广东、广西和海南。为了更好地观察中国海洋经济绿色技术进步的区域变化，本文将上述 11 个省（区、市）按照地理位置进一步划分为三大沿海区域。关于研究的样本时间，考虑到 2006 年以前涉海相关统计指标口径有所调整，数据没有可比性，综合考量后，本文选取了 2006～2015 年这个时间段。需要说明的是，本文涉及的所有投入指标、期望产出指标以及非期望产出指标原始数据均来自《中国海洋统计年鉴》（2007～2016 年）、《中国环境统计年鉴》（2007～2016 年）和《中国统计年鉴》（2007～2016 年）。

（一）非期望产出指标的选择和数据处理

1. 海洋"三废"排放量测算

现有的统计年鉴仅收录了工业"三废"排放量，而关于海洋"三

---

① D. H. Oh, "A Global Malmquist-Luenberger Productivity Index," *Journal of Productivity Analysis* 34（2010）：183 – 197.

废"排放量的数据却没有直接记载。因此，想要获得海洋"三废"排放量需要根据海洋生产总值（GOP）以及地区生产总值（GDP）的比值进行相应的估算（见表1）。①

表1　海洋"三废"排放量折算公式

变量	单位	计算公式
海洋废水排放总量	万吨	（海洋生产总值/地区生产总值）×工业废水排放总量
海洋废气排放总量	亿标立方米	（海洋生产总值/地区生产总值）×工业废气排放总量
海洋固体废弃物排放总量	吨	（海洋生产总值/地区生产总值）×工业固体废弃物排放总量

2. 熵值法

第一步：构造矩阵。$x_1, x_2, \cdots, x_n$ 是 n 个用于评价的指标体系，x_{ij} 是第 j 项指标的第 i 个值（$i = 1, 2, \cdots, m; j = 1, 2, \cdots, n$）。构造矩阵如下：

$$X = \begin{pmatrix} x_{11} & \cdots & x_{1n} \\ \cdots & & \cdots \\ x_{m1} & \cdots & x_{mn} \end{pmatrix} \tag{4}$$

第二步：对指标进行无量纲化处理。

正向化：

$$x'_{ij} = \frac{x_j - x_{min}}{x_{max} - x_{min}} \tag{5}$$

负向化：

$$x'_{ij} = \frac{x_{max} - x_j}{x_{max} - x_{min}} \tag{6}$$

其中，x_j 是第 j 项指标，x_{max} 是第 j 项指标的最大值，x_{min} 是第 j 项指标的最小值，x'_{ij} 是进行标准化处理后的值。

第三步：计算第 j 项指标的第 i 个值在该项目中的比重。

$$p_{ij} = \frac{x'_{ij}}{\sum_{j=1}^{n} x'_{ij}}, (i = 1, 2, \cdots, m; j = 1, 2, \cdots, n) \tag{7}$$

---

① 李斌、彭星、欧阳铭珂：《环境规制、绿色全要素生产率与中国工业发展方式转变——基于36个工业行业数据的实证研究》，《中国工业经济》2013年第4期。

第四步：计算熵值和权重。

信息熵值计算公式为：

$$e_j = - K \sum_{i=1}^{m} p_{ij} \ln p_{ij} \qquad (8)$$

其中，K 是常数，$K = (\ln m)^{-1}$，进而可以计算得到差异化系数为 $d_j = 1 - e_j$，由此可以计算出相应的权重，即：

$$w_j = d_j / \sum_{j=1}^{n} d_j \qquad (9)$$

第五步：计算目标评价值，即：

$$U = \sum_{j=1}^{n} x_{ij} w_{ij} \times 100 \qquad (10)$$

其中，U 是评价值，n 是指标总数，ω 是指标权重。

3. 海洋环境污染指数测算

本文将第一步估算得到的海洋"三废"排放量代入熵值法模型中，从而计算样本期内海洋"三废"排放量所占比重，依次是 0.72、0.15 和 0.12，最后通过加权计算求得海洋环境污染指数，以此作为最终衡量海洋经济绿色技术进步的非期望产出指标（见图 1）。

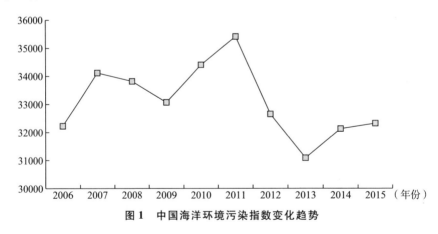

图 1 中国海洋环境污染指数变化趋势

（二）期望产出及投入指标的选择和数据处理

1. 期望产出指标

所谓期望产出就是指在海洋经济发展过程中带来的"好"的产出，据此，结合海洋经济发展特点以及相关学者的指标体系构建过程，本文最终选择 GOP 作为衡量期望产出的指标，并以 2006 年为基年进行不变价处理。

2. 海洋劳动投入指标

关于海洋劳动投入这一指标的选取，考虑到 2001～2005 年衡量劳动投入的指标经历了三次统计口径的调整，直到 2006 年该指标的统计口径才开始统一，数据具有可比性。结合本文样本区间的选取时段，本文最终确定采用各地区当年涉海从业人员数表征海洋劳动投入量。

3. 海洋资本投入指标

关于海洋资本投入指标的选择，在陆域经济中学者们大多借助永续盘存法对资本存量这一指标进行衡量，其公式为 $K_{i,t+1} = I_{i,t+1} + (1 - \delta) K_{i,t}$。其中，$K$ 代表的是资本存量，i 是第 i 个沿海地区，t 为年份，I 表示的是固定资本形成总额，δ 则表征固定资产折旧率。由于目前现有的统计年鉴中并没有直接记载计算海洋资本存量时所需的相关指标数据，所以需要在借助上述公式计算沿海地区资本存量结果后，根据 GOP 与GDP 的比值对海洋资本存量进行相应的估算。

4. 海洋资源投入指标

以往关于全要素生产率及技术进步的测算大多建立在以资本和劳动为要素投入的核算体系下，忽视了海洋资源的刚性约束，这种指标体系在一定程度上会扭曲对经济增长绩效的客观评价。本文创新性地将海洋资源这一要素与劳动和资本一同纳入海洋经济绿色技术进步的测度模型中，以求更加科学地评价中国海洋经济高质量发展。关于海洋资源投入指标的选取，本文考虑到现阶段滨海旅游业、海洋交通运输业以及海洋渔业是海洋经济发展的主导产业，故拟选择码头长度、旅行社数、海洋机动渔船作为海洋资源的投入要素。

具体的海洋投入产出指标统计结果如表 2 所示。

表 2　海洋投入和产出指标统计

指标	期望产出	非期望产出	劳动投入	资本投入	资源投入		
	海洋生产总值（亿元）	海洋环境污染指数	涉海从业人员数（万人）	海洋资本存量（亿元）	码头长度（米）	旅行社数（家）	海洋机动渔船（万吨）
均值	3285.08	3010.56	302.80	7336.37	53746.35	1060.97	612340.9
中位数	2687.48	2649.45	204.85	6666.39	44550.50	1043.00	375139.0

续表

指标	期望产出	非期望产出	劳动投入	资本投入	资源投入		
	海洋生产总值（亿元）	海洋环境污染指数	涉海从业人员数（万人）	海洋资本存量（亿元）	码头长度（米）	旅行社数（家）	海洋机动渔船（万吨）
最大值	9674.04	6923.57	860.30	28239.14	165847.00	2160.00	2918413.0
最小值	300.70	279.27	81.50	316.89	8566.00	147.00	20721.0
标准差	2386.25	1840.93	208.60	5632.69	37723.61	587.77	600106.3

四 中国海洋经济绿色技术进步测度与分析

（一）中国海洋经济绿色技术进步测度结果

为了确保海洋经济绿色技术进步计算结果的稳健性，本文同时构建了考虑非期望产出的 EBM 模型和 SBM 模型进行对比，并借助 MaxDEA 软件，分别依托这两个模型测算中国海洋经济绿色效率值，具体结果见表 3。在此基础上，本文还基于 EBM 模型和 SBM 模型测算的沿海地区海洋经济绿色效率平均值绘制了相应的雷达图，以此更加直观地了解海洋经济绿色效率的区域发展水平（见图 2）。

表 3 基于 EBM 模型和 SBM 模型测算的海洋经济绿色效率值

省（区、市）	2006 年		2009 年		2012 年		2015 年	
	SBM	EBM	SBM	EBM	SBM	EBM	SBM	EBM
天津	1.0000	1.0000	1.0000	1.0000	1.0000	1.0000	1.0000	1.0000
河北	1.0000	1.0000	1.0000	1.0000	1.0000	1.0000	0.6946	0.7009
辽宁	0.7963	0.8461	0.7100	0.7258	0.7377	0.7383	0.6923	0.6958
上海	1.0000	1.0000	1.0000	1.0000	1.0000	1.0000	1.0000	1.0000
江苏	1.0000	1.0000	1.0000	1.0000	1.0000	1.0000	1.0000	1.0000
浙江	0.7280	0.7307	0.6105	0.6119	0.6343	0.6451	0.6097	0.6567
福建	1.0000	1.0000	0.6456	0.6925	0.6869	0.7151	0.6628	0.6761
山东	1.0000	1.0000	0.7536	0.8413	0.8093	0.9014	1.0000	1.0000
广东	1.0000	1.0000	1.0000	1.0000	0.7610	0.7942	0.7183	0.7317
广西	1.0000	1.0000	0.6460	0.6739	0.5872	0.5968	0.5189	0.6241

省 （区、市）	2006 年		2009 年		2012 年		2015 年	
	SBM	EBM	SBM	EBM	SBM	EBM	SBM	EBM
海南	0.9240	0.9282	0.7893	0.8505	0.8076	0.8178	0.7533	0.7964
均值	0.9499	0.9550	0.8323	0.8542	0.8204	0.8371	0.7864	0.8074

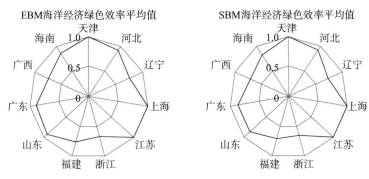

图 2　中国沿海省（区、市）海洋经济绿色效率平均值雷达图

如表 3 所示，基于上述两个模型测算的效率值均呈现波动下降趋势。通过 EBM 模型计算的海洋经济绿色效率平均值为 0.81～0.96，而通过 SBM 模型测算的绿色效率平均值介于 0.79 和 0.95 之间，每个年份内通过 SBM 模型测算的效率值均小于等于通过 EBM 模型测算的效率值，且两个模型计算的效率值的平均值均在 2006 年达到最高，通过 EBM 和 SBM 模型计算的效率值分别为 0.9550 和 0.9499。在沿海 11 个省（区、市）中，仅有天津、上海、江苏三省（市）的海洋经济绿色效率值一直保持在数值 1 的水平上，遥遥领先于其他省份，说明这三个省（市）没有盲目追求海洋经济"量"的增长，而是同时关注到海洋经济"质"的发展。而浙江和广西两省（区）海洋经济绿色效率值一直偏低，这也为该地区日后海洋经济发展重点指明了方向。

总体来看，上述结果也与 Tone 的研究结论相一致[1]，即基于混合径向 EBM 模型测算的效率值应大于基于非径向 SBM 模型测算的效率值。此外，SBM 模型虽然可以有效规避传统 DEA 模型在面对投入产出具有非角度和非径向特征测度时产生的误差，但不可否认当投入产出同时具有径向和非

---

[1]　K. Tone, "A Hybrid Measure of Efficiency in DEA," *GRIPS Research Report Series* 18 (2004): 1 - 21.

径向特征时，该模型无法很好地解决测度上带来的问题，并且基于 SBM 模型获得的效率值并非绝对值，当存在特殊情况时没有办法科学衡量其真实有效程度。综合上述考虑，本文认为混合径向的 EBM 模型在测算效率时更具稳健性。因此，在接下来的实证分析中本文采用考虑非期望产出的 EBM 模型和 GML 指数模型相结合的方式进行计算与分析，具体结果见表4。

表 4　中国海洋经济绿色技术进步指数

省 （区、市）	2006 ~ 2007 年	2007 ~ 2008 年	2008 ~ 2009 年	2009 ~ 2010 年	2010 ~ 2011 年	2011 ~ 2012 年	2012 ~ 2013 年	2013 ~ 2014 年	2014 ~ 2015 年
天津	0.8859	1.1288	1.0000	0.9563	0.9899	1.0119	1.0128	1.0307	1.0000
河北	0.9827	0.9696	1.3294	0.9461	0.9291	0.9452	1.0979	1.0999	0.9968
辽宁	0.9967	1.0128	1.1498	0.9906	1.0572	0.9985	1.0246	1.0599	1.0053
上海	1.0586	1.0529	1.0399	1.0572	0.9595	1.0006	1.0619	1.0464	1.0000
江苏	0.9913	1.0466	0.9679	1.0318	1.0344	0.9984	1.0530	0.9778	1.0227
浙江	1.0296	1.0105	1.0706	0.9618	1.0332	1.0163	1.0167	1.0481	0.9986
福建	1.0873	0.9662	1.0447	0.9729	1.0646	0.9990	1.0215	1.0523	1.0164
山东	1.0209	1.1984	1.0338	1.0330	1.0006	1.0049	1.0465	0.9609	1.0668
广东	1.0554	0.9075	0.9298	0.9293	1.1435	1.0042	1.0311	1.0706	1.0060
广西	0.8750	0.8887	1.2575	0.9461	0.9599	1.0813	1.0057	1.0717	0.9874
海南	0.9093	0.9870	1.0406	0.9505	1.0116	1.0350	1.0442	1.0596	1.0061

（二）中国沿海地区海洋经济绿色技术进步收敛性分析

考虑到上述获得的绿色技术进步指数为环比指数，出于简便考虑，本文将 2006 ~ 2007 年的绿色技术进步指数命名为 2007 年的绿色技术进步指数，其他年份也依次进行这样的调整，由此展开如下的收敛性分析。

1. α 收敛性

由上文海洋经济绿色技术进步测度结果可以看出，沿海地区在该数值上存在很大差异，但想要搞清楚该指标区域差异随时间推移的变化趋势，仅仅靠观察表4是不够的，α 收敛性检验可以很好地回答这个问题。据此，本文采用标准差对沿海地区海洋经济绿色技术进步进行 α 收敛性检验，当计算求得的标准差随时间推移呈降低趋势时，可以断定其存在 α 收敛。此外，为了提高计算结果的准确性，本文进一步结合变异系数进行综合分析，具体计算公式如下。

$$\sigma_t = \sqrt{\frac{1}{N-1}\sum_{i=1}^{N}\left(GMLTC_{i,t} - \overline{GMLTC_t}\right)^2} \tag{11}$$

$$CV = \frac{1}{\overline{GMLTC_t}}\sqrt{\frac{1}{N-1}\sum_{i=1}^{N}\left(GMLTC_{i,t} - \overline{GMLTC_t}\right)^2} = \frac{\sigma_t}{\overline{GMLTC_t}} \tag{12}$$

其中，σ_t 代表的是第 t 年中国沿海地区海洋经济绿色技术进步的标准差，CV 指代的是变异系数；$GMLTC_{i,t}$ 指代的是第 i 个省（区、市）第 t 年的海洋经济绿色技术进步指数，而 $\overline{GMLTC_t}$ 则代表了第 t 年的海洋经济绿色技术进步指数的平均值，N 为沿海省（区、市）的数量。据此，本文计算了沿海地区海洋经济绿色技术进步的 α 收敛状况（见表5）及其变动趋势（见图3）。

表5 中国沿海地区海洋经济绿色技术进步标准差及变异系数

年份	全国		环渤海地区		长三角地区		珠三角地区	
	标准差	变异系数	标准差	变异系数	标准差	变异系数	标准差	变异系数
2007	0.0719	0.0726	0.0593	0.0610	0.0338	0.0329	0.1052	0.1072
2008	0.0905	0.0891	0.1050	0.0975	0.0229	0.0221	0.0468	0.0499
2009	0.1211	0.1123	0.1486	0.1317	0.0527	0.0514	0.1370	0.1283
2010	0.0427	0.0436	0.0393	0.0400	0.0494	0.0486	0.0180	0.0189
2011	0.0598	0.0588	0.0525	0.0528	0.0429	0.0425	0.0784	0.0750
2012	0.0324	0.0321	0.0305	0.0308	0.0098	0.0097	0.0378	0.0367
2013	0.0267	0.0257	0.0376	0.0360	0.0239	0.0229	0.0162	0.0158
2014	0.0408	0.0391	0.0586	0.0565	0.0401	0.0391	0.0093	0.0087
2015	0.0212	0.0210	0.0332	0.0327	0.0135	0.0134	0.0121	0.0120

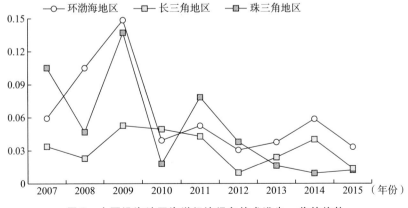

图3 中国沿海地区海洋经济绿色技术进步 α 收敛趋势

整体来看，样本期内海洋经济绿色技术进步指数的标准差和变异系数均不高，虽然在个别年份偶然出现逐年增大的现象，但从大的区间范围来看该数值随时间推移呈波动减小趋势，由此证明样本期内海洋经济绿色技术进步差异随时间推移存在 α 收敛。此外，三大沿海区域计算结果虽然略有不同，但整体也均呈现减小趋势，收敛趋势较为明显。

为进一步观察该指数的 α 收敛状况，本文又创新性地构建了如下模型。

$$\sigma_t = c + \theta \times t + \mu_t \tag{13}$$

上述模型中，σ_t 依旧代表的是第 t 年中国沿海地区海洋经济绿色技术进步的标准差，c 代表的是常数项，μ_t 是随机扰动项。一般认为，当 θ 小于 0，且计算求得的系数通过显著性检验时，我们可以判定随着时间的推移，σ 会越来越小，即存在 α 收敛性，反之不具有 α 收敛性，具体结果如表 6 所示。

表 6　中国沿海地区海洋经济绿色技术进步 α 收敛再检验

区域	全国	环渤海地区	长三角地区	珠三角地区
θ 值	− 0.0092 **	− 0.0079	− 0.0021	− 0.0118 **
P 值	0.017	0.125	0.320	0.035

注：** 表示 5% 的显著性水平。

从全国范围看，$\theta = -0.0092$，且在 5% 的显著性水平下通过检验，根据上述判别规则，我们可以断定样本期内中国海洋经济绿色技术进步随时间推移的确存在 α 收敛，且收敛速度可以认为是 0.0092。这一结论与前文的测算结果也一致。从三大沿海区域看，三个区域的 θ 值均小于 0，但值得一提的是，三个区域中只有珠三角地区的计算结果通过了显著性检验。

2. 绝对 β 收敛性

本文进一步在 Bernard 和 Durlauf 研究模型[①]的基础上尝试进行适当的调整，构建如下绝对 β 收敛检验模型：

[①] Andrew B. Bernard, Steven N. Durlauf, "Interpreting Tests of the Convergence Hypothesis," *Journal of Econometrics* 71 (1996): 161 – 173.

$$(\ln GMLTC_{it} - \ln GMLTC_{i0})/T = \alpha + \beta\ln GMLTC_{i0} + \varepsilon_{it} \qquad (14)$$

式（14）中，$GMLTC_{it}$ 和 $GMLTC_{i0}$ 分别代表的是第 i 个省（区、市）当期和初期的海洋经济绿色技术进步指数，T 则为当期和初期间的时间跨度。一般来说，当 β 小于 0，且计算求得的系数通过显著性检验时，我们可以判定随着时间的推移该地区海洋经济绿色技术进步存在绝对 β 收敛。值得一提的是，由于绝对 β 收敛模型归属于横截面分析，因此，在计算过程中该模型对样本区间跨度要求较为敏锐。为此，本文将样本区间划分为三个阶段，依次是 2007～2015 年、2007～2010 年和 2011～2015 年，并将样本对象按照地理位置划分为不同区域依次进行回归验证，具体结果见表 7。

表 7　中国沿海地区海洋经济绿色技术进步绝对 β 收敛检验

年份	系数	全国	环渤海地区	长三角地区	珠三角地区
2007～2015	α	0.0013 (1.69)	0.0031 (1.36)	0.0020 (2.30)	0.0007 (1.35)
	β	-0.1131*** (-10.36)	-0.0889 (-2.37)	-0.1697* (-7.17)	-0.1136*** (-19.57)
	R^2	0.9227	0.7367	0.9809	0.9948
2007～2010	α	-0.0063 (-1.46)	-0.0023 (-0.33)	0.0033 (0.18)	-0.0170** (-4.38)
	β	-0.2607*** (-4.35)	-0.1985 (-1.72)	-0.2535 (-0.52)	-0.3212** (-7.94)
	R^2	0.6778	0.5979	0.2111	0.9693
2011～2015	α	0.0021 (1.27)	0.0044 (0.90)	0.0015 (0.59)	-0.0001 (-0.07)
	β	-0.2341*** (-8.05)	-0.2195 (-2.09)	-0.2138 (-3.12)	-0.2237*** (-10.30)
	R^2	0.8780	0.6851	0.9067	0.9815

注：括号内是 t 值，***、** 和 * 分别为 1%、5% 和 10% 的显著性水平。

从全国看，三个时间段的 β 系数分别为 -0.1131、-0.2607 和 -0.2341，均小于 1，且均在 1% 的显著性水平下通过检验，说明虽然不同时间段内海洋经济绿色技术进步收敛速度不同，但最终都分别趋近于一个稳定值。根据上述判别原则，可以断定样本期内海洋经济绿色技术进步存在绝对 β 收敛，进一步证实了海洋经济绿色技术进步存在"追赶效应"。从三大沿海区域看，虽然各时期的 β 系数均小于 0，但仅有珠三角地区三个时间段的 β 系数均通过了显著性检验，这也从侧面印证了中国沿海地区海洋经济绿色技术进步间的差异，提示未来政府要加大对海洋经济发展的引导和扶持力度，积极引导海洋经济向集约型转型，鼓励沿海区域间合作和沟通，促进海洋经济先进技术与管理理念等在区域间进行交流，逐步缩小区域间海洋经济绿色技术的差距。

3. 条件 β 收敛性

与绝对 β 收敛性不同，条件 β 收敛更加侧重不同经济主体在特定条件下是否能够趋于自身的稳定状态，具体验证模型如下。

$$\Delta GMLTC_{it} = \alpha + \beta \ln(GMLTC_{it-1}) + \varepsilon_{it} \qquad (15)$$

式（15）中，$\Delta GMLTC_{it}$ 这个指标代表的是沿海地区海洋经济绿色技术进步水平的平均增长率，α 和 β 是待估计系数，ε_{it} 是随机干扰项。如果 $\beta < 0$，且计算求得的系数通过显著性检验，那么就可以判定随着时间的推移该地区海洋经济绿色技术进步存在条件 β 收敛。由于条件 β 收敛性检验采用的是面板数据，本文在综合考量后决定采取双向固定效应模型对此进行测算分析，结果见表 8。

表 8　中国沿海地区海洋经济绿色技术进步条件 β 收敛检验

区域		全国	环渤海地区	长三角地区	珠三角地区
系数	α	0.0046	0.0294	0.0243**	− 0.0340
		(0.36)	(1.05)	(5.05)	(− 2.21)
	β	− 0.6035***	− 0.7009***	− 0.7462**	− 0.5527***
		(− 14.60)	(− 40.28)	(− 7.08)	(− 13.31)
	R^2	0.7106	0.7983	0.7792	0.8052

注：括号内是 t 值，*** 、** 分别为 1%、5% 的显著性水平。

从表 8 可以看到，样本期内无论是全国层面还是沿海三大区域层面，其海洋经济绿色技术进步的条件 β 收敛系数均为负数，分别是 − 0.6035、− 0.7009、− 0.7462、− 0.5527，并且均在 5% 或 1% 的显著性水平下通过检验。依据上述判别规则，可以断定随时间推移中国沿海地区海洋经济绿色技术进步存在条件 β 收敛，换言之，各地区海洋经济绿色技术进步指数在特定条件下均呈现趋于自身的稳定状态。

（三）中国沿海地区海洋经济绿色技术进步时空分析

本文进一步构建了累积相对绿色技术进步率来深入分析样本期内海洋经济绿色技术进步的时空变化趋势，具体计算公式如下。

$$GTP_i^T = GTE_i^{2006} \times \prod_{t=2007}^{T} GMLTC_i^t \tag{16}$$

式（16）中，GTP_i^T 代表的是累积相对绿色技术进步率，GTE_i 代表的是绿色效率，$GMLTC_i^t$ 则表示的是全局绿色技术进步指数，根据该公式测算求得的海洋经济累积相对绿色技术进步率如表9所示。

表9　中国沿海地区海洋经济累积相对绿色技术进步率

年份	天津	河北	辽宁	上海	江苏	浙江	福建	山东	广东	广西	海南
2006	1.0000	1.0000	0.8461	1.0000	1.0000	0.7307	1.0000	1.0000	1.0000	1.0000	0.9282
2007	0.8859	0.9827	0.8433	1.0586	0.9913	0.7523	1.0873	1.0209	1.0554	0.8750	0.8440
2008	1.0000	0.9529	0.8541	1.1146	1.0376	0.7603	1.0506	1.2235	0.9578	0.7776	0.8330
2009	1.0000	1.2667	0.9821	1.1591	1.0043	0.8140	1.0975	1.2648	0.8905	0.9778	0.8668
2010	0.9563	1.1985	0.9729	1.2254	1.0362	0.7829	1.0678	1.3066	0.8275	0.9251	0.8240
2011	0.9466	1.1134	1.0285	1.1758	1.0719	0.8089	1.1367	1.3074	0.9463	0.8880	0.8335
2012	0.9579	1.0524	1.0270	1.1764	1.0702	0.8221	1.1356	1.3138	0.9503	0.9602	0.8627
2013	0.9702	1.1554	1.0522	1.2492	1.1269	0.8359	1.1600	1.3750	0.9799	0.9657	0.9008
2014	1.0000	1.2708	1.1153	1.3071	1.1019	0.8761	1.2207	1.3212	1.0491	1.0349	0.9545
2015	1.0000	1.2667	1.1212	1.3071	1.1269	0.8749	1.2407	1.4094	1.0554	1.0219	0.9603

基于上述的测算结果可以看出，样本期内中国沿海地区海洋经济累积相对绿色技术进步率随时间推移呈现波动上升趋势，并在"十一五"期间呈现南北地区数值较低、中部地区数值较高的现象，然而进入"十二五"之后，该指标数值较高的地区大部分集中于北部沿海地区。相较于其他沿海地区，山东和上海的该指标数值较高，浙江和海南该指标数值较低。

五　结论

长期以来，中国海洋经济一直依靠资本、劳动等要素投入，这种粗放型的增长方式虽然创造了海洋经济高速增长的奇迹，但终究后劲不足、不可持续。在此背景下，技术进步无疑是推动海洋经济由高速增长向高质量发展迈进的关键性因素，而绿色技术作为生态文明视域下技术进步的崭新形态，是对传统海洋经济技术进步的拓展和提升。据此，深入探究海洋经济绿色技术进步与国家发展理念高度契合，具有重要的研究价值。本文紧密结合海洋经济的特点以及高质量发展的内在要求，将资源的刚性约束与环境负效应纳入海洋经济技术进步的核算体系当中，构建考虑非期望产出的 EBM 模型和 GML 指数模型，探究中国沿海地区海洋经济绿色技术进步水平。研究发现：中国海洋经济绿色技术进步呈现收敛趋势，且不同时期各地区收敛速度存在差异。样本期内中国沿海地区海洋经济累积相对绿色技术进步率随时间推移呈现波动上升趋势，并在"十一五"期间呈现南北地区数值较低、中部地区数值较高的现象，然而进入"十二五"之后，该指标数值较高的地区大部分集中于北部沿海地区。

Measurement and Analysis of Green Technological Progress in China's Marine Economy

Ren Wenhan[1], *Chen Yu*[1], *Wang Qi*[2]

(1. Business School, Qingdao University, Qingdao, Shandong, 266061, P. R. China; 2. School of Economics, Ocean University of China, Qingdao, Shandong, 266100, P. R. China.)

Abstract: Closely combined with the characteristics of marine economy and the internal requirements of high-quality development, this paper incorporates the rigid constraints of resources and the negative effects of environment into the accounting system for technological progress of marine economy, constructs EBM model and GML index model considering the undesired output, and explores the level of green technological progress of marine economy in China's coastal regions. The study found that during the sample period, the green technological progress of China's marine economy showed a trend of convergence both overall and regionally, and the convergence rate of coastal areas was different in different periods. The rate of green technological progress in China's marine economy has shown a steady upward trend. Among them, during the "Eleventh Five-Year Plan" period, this indicator showed a lower value in the north and south regions and a higher value in the central region. However, after entering the "Twelfth Five-Year Plan" period, most of the regions with higher value of this indicator were concentrated in the northern coastal provinces and cities.

Keywords: Marine Economy; Green Technological Progress; Marine Resources; Environmental Pollution; Labor Factor

（责任编辑：孙吉亭）

《中国海洋经济》征稿启事

《中国海洋经济》是由山东社会科学院主办的学术集刊，主要刊载海洋人文社会科学领域中与海洋经济、海洋文化产业紧密相关的最新研究论文、文献综述、书评等，每年的 4 月、10 月由社会科学文献出版社出版。

欢迎高校、科研机构的学者，政府部门、企事业单位的相关工作人员，以及对海洋经济感兴趣的人员赐稿。来稿要求：

1. 文章思想健康、主题明确、立论新颖、论述清晰、体例规范、富有创新。文章字数为 1.0 万~1.5 万字。中文摘要为 240~260 字，关键词为 5 个，正文标题序号一般按照从大到小四级写作，即 "一" "（一）" "1." "（1）"。注释用脚注方式放在页下，参考文献用脚注方式放在页下，用带圈的阿拉伯数字表示序号。参考文献详细体例请阅社会科学文献出版社《作者手册》2014 年版，电子文本请在 www. ssap. com. cn "作者服务" 栏目下载。

2. 作者请分别提供 "基金项目"（可空缺）和 "作者简介"。"作者简介" 按姓名、出生年月、性别、工作单位、行政和专业技术职务、主要研究领域顺序写作；多位作者合作完成的，请提供多位作者简介；并附英文题目、英文作者姓名、英文单位名称、英文摘要和关键词；请另附通信地址、联系电话、电子邮箱等。

3. 提倡严谨治学，保证论文主要观点和内容的独创性。对他人研究成果的引用务必标明出处，并附参考文献；图、表等注明数据来源，不能存在侵犯他人著作权等知识产权的行为。论文查重比例不得超过 10%。

来稿本着文责自负的原则，由抄袭等原因引发的知识产权纠纷作者将负全责，编辑部保留追究作者责任的权利。作者请勿一稿多投。

4. 来稿应采用规范的学术语言，避免使用陈旧、文件式和口语化的表述。

5. 本集刊持有对稿件的删改权，不同意删改的请附声明。本集刊所发表的所有文章都将被中国知网等收录，如不同意，请在来稿时说明。因人力有限，恕不退稿。自收稿之日 2 个月内未收到用稿通知的，作者可自行处理。

6. 本集刊采用匿名审稿制。

7. 来稿请提供电子版。本集刊收稿邮箱：1603983001@ qq. com。本集刊地址：山东省青岛市市南区金湖路 8 号《中国海洋经济》编辑部。邮编：266071。电话：0532 - 85821565。

《中国海洋经济》编辑部

2021 年 4 月

图书在版编目（CIP）数据

中国海洋经济.第13辑/孙吉亭主编.--北京：
社会科学文献出版社，2022.10
ISBN 978-7-5228-0827-7

Ⅰ.①中… Ⅱ.①孙… Ⅲ.①海洋经济-经济发展-
研究报告-中国 Ⅳ.①P74

中国版本图书馆 CIP 数据核字（2022）第 180718 号

中国海洋经济（第 13 辑）

主　　编 / 孙吉亭

出 版 人 / 王利民
组稿编辑 / 宋月华
责任编辑 / 韩莹莹
文稿编辑 / 陈丽丽
责任印制 / 王京美

出　　版 / 社会科学文献出版社·人文分社（010）59367215
　　　　　　地址：北京市北三环中路甲 29 号院华龙大厦　邮编：100029
　　　　　　网址：www.ssap.com.cn
发　　行 / 社会科学文献出版社（010）59367028
印　　装 / 三河市龙林印务有限公司

规　　格 / 开　本：787mm×1092mm　1/16
　　　　　　印　张：13.75　字　数：225 千字
版　　次 / 2022 年 10 月第 1 版　2022 年 10 月第 1 次印刷
书　　号 / ISBN 978-7-5228-0827-7
定　　价 / 98.00 元

读者服务电话：4008918866